U0263475

主讲嘉宾

李飞飞

美国斯坦福大学计算机科学系终身教授
人工智能实验室主任
谷歌云人工智能和机器学习首席科学家
AI4ALL联合创始人兼主席
未来科学大奖科学委员会委员

Dawn Song

加州大学伯克利分校计算机系教授

王飞跃

中国科学院自动化研究所复杂
与控制国家重点实验室主任、

邢波

卡耐基梅隆大学计算机科学学院教授
卡耐基梅隆大学机器学习系副系主任

余凯

地平线信息技术公司创始人兼首席执行官
未来论坛青年理事

对话嘉宾

陈海波

上海交通大学教授

Philip Campbell

博士，施普林格·自然主编

Jeffrey Erlich

上海纽约大学神经科学助理教授

高国征

方达律师事务所合伙人

李凯

普林斯顿大学Paul & Marcia W
美国工程院院士
中国工程院外籍院士
未来科学大奖科学委员会委员

沈海寅

奇点汽车首席执行官、创始人

苏中

IBM中国研究院研究总监

王劲

前景驰科技（JingChi.ai）
创始人兼首席执行官

汪玉

清华大学电子工程系长聘副教授

王翌

流利说创始人、首席执行官

吴剑林

毕马威中国科技及信息业主管合伙人

熊伟铭

华创资本合伙人
未来论坛青年理事

张晨

京东集团CTO

张峥

海纽约大学计算机科学教授

赵一鸿

京东集团技术副总裁

周志华

南京大学计算机科学与技术系副主任
国际计算机学会（ACM）院士
电气电子工程师学会（IEEE）院士
国际人工智能促进协会（AAAI）院士

朱军

清华大学计算机科学与技术系副教授

理解未来系列

探索人工智能 I·趋势解析

科 学 出 版 社

北 京

图书在版编目(CIP)数据

探索人工智能 I·趋势解析/未来论坛编. —北京: 科学出版社, 2018. 8
（理解未来系列）
ISBN 978-7-03-058310-9

Ⅰ.①探…
Ⅱ.①未…
Ⅲ.①人工智能–普及读物
Ⅳ.①TP18-49

中国版本图书馆 CIP 数据核字（2018）第 163015 号

丛　书　名：理解未来系列
书　　　名：探索人工智能 I·趋势解析
编　　　者：未来论坛
责 任 编 辑：刘凤娟　孔晓慧
责 任 校 对：杨然
责 任 印 制：徐晓晨
封 面 设 计：南海波
出 版 发 行：科学出版社
地　　　址：北京市东黄城根北街 16 号
网　　　址：www.sciencep.com
电 子 信 箱：liufengjuan@mail.sciencep.com
电　　　话：010-64033515
印　　　刷：北京虎彩文化传播有限公司
版　　　次：2018 年 8 月第一版　　印　　　次：2019 年 3 月第二次印刷
开　　　本：720×1000　 1/16　　　印　　　张：12
插　　　页：2 页　　　　　　　　　字　　　数：144 000
定　　　价：49.00 元

序一 >>>

饶 毅

北京大学讲席教授、北京大学理学部主任、未来科学大奖科学委员会委员

我们时常畅想未来，心之所向其实是对未知世界的美好期待。这种心愿几乎人人都有，大家渴望着改变的发生。然而，未来究竟会往何处去？或者说，人类行为正在塑造一个怎样的未来？这却是非常难以回答的问题。

在未来论坛诞生一周年之际，我们仍需面对这样一个多少有些令人不安的问题：未来是可以理解的吗？

过去一年，创新已被我们接受为这个时代最为迫切而正确的发展驱动力，甚至成为这个社会最为时髦的词汇。人们相信，通过各种层面的创新，我们必将抵达心中所畅想的那个美好未来。

那么问题又来了，创新究竟是什么？

尽管创新的本质和边界仍有待进一步厘清，但可以确定的一点是，眼下以及可见的未来，也许没有什么力量，能如科学和技术日新月异的飞速发展这般深刻地影响着人类世界的未来。

可是，如果你具有理性而审慎的科学精神，一定会感到未来难以预计。也正因如此，这给充满好奇心的科学家、满怀冒险精神的创业家带来了前所未有的机遇和挑战。

过去一年，我们的"理解未来"系列讲座，邀请到全世界极富洞察力和前瞻性的科学家、企业家，敢于公开、大胆与公众分享他们对未来的认知、理解和思考。毫无疑问，这是一件极为需要勇气、智慧和情怀的事情。

2015 年，"理解未来"论坛成功举办了 12 期，话题涉及人工智能、大数据、物联网、精准医疗、DNA 信息、宇宙学等多个领域。来自这些领域的顶尖学者，与我们分享了现代科技的最新研究成果和趋势，实现了产、学、研的深入交流与互动。

特别值得强调的是，我们在喧嚣的创新舆论场中，听到了做出原创性发现的科学家独到而清醒的判断。他们带来的知识之光，甚至智慧之光，兑现了我们设立"理解未来"论坛的初衷和愿望。

我们相信，过去一年，"理解未来"论坛所谈及的有趣而有益的前沿科技将给人类带来颠覆性的变化，从而引发更多人对未来的思考。

面向"理解未来"论坛自身的未来，我希望它不仅仅是一个围绕创新进行跨界交流、碰撞出思想火花的平台，更应该是一个探讨颠覆与创新之逻辑的平台。

换言之，我们想要在基础逻辑的普适认知下，获得对未来的方向感，孵化出有价值的新思想，从而真正能够解读未来、理解未来。若要做到这一点，便需要我们勇敢地提出全新的问题。我相信，真正的创新皆源于此。

让我们共同面对挑战、突破自我、迎接有趣的未来。

2015 年

序二 >>>

人类奇迹来自于科学

丁　洪

中国科学院物理研究所研究员、北京凝聚态物理研究中心首席科学家、
未来科学大奖科学委员会委员

今年春季，我问一位学生："你为什么要报考我的博士生？"他回答："在未来论坛上看了您有关外尔费米子的讲座视频，让我产生了浓厚的兴趣。"这让我第一次切身感受到"理解未来"系列科普讲座的影响力。之后我好奇地查询了"理解未来"讲座的数据，得知 2015 年 12 期讲座的视频已被播放超过一千万次！这个惊人的数字让我深切体会到了"理解未来"讲座的受欢迎程度和广泛影响力。

"理解未来"是未来论坛每月举办的免费大型科普讲座，它邀请知名科学家用通俗的语言解读最激动人心的科学进展，旨在传播科学知识，提高大众对科学的认知。讲座每次都能吸引众多各界人士来现场聆听，并由专业摄影团队制作成高品质的视频，让更多的观众能随时随地地观看。

也许有人会好奇：一群企业家和科学家为什么要跨界联合，一起成立"未来论坛"？为什么未来论坛要大投入地举办科普讲座？

这是因为科学是人类发展进步的源泉。我们可以想象这样一个场

景：宇宙中有亿万万个银河系这样的星系，银河系又有亿万万个太阳这样的恒星，相比之下，生活在太阳系中一颗行星上的叫"人类"的生命体就显得多么微不足道。但转念一想，人类却在短短的四百多年中，就从几乎一无所知，到比较清晰地掌握了从几百亿光年（约 10^{26} 米）的宇宙到 10^{-18} 米的夸克这样跨 44 个数量级尺度上（"1"后面带 44 个"0"，即亿亿亿亿亿万！）的基本知识，你又不得不佩服人类的伟大！这个伟大来源于人类发现了"科学"，这就是科学的力量！

　　这就是我们为什么要成立未来论坛，举办科普讲座，颁发未来科学大奖！我们希望以一种新的方式传播科学知识，培育科学精神。让大众了解科学、尊重科学和崇尚科学。我们希望年轻一代真正意识到"Science is fun，science is cool，science is essential"。

　　这在当前中国尤为重要。中国几千年的封建社会，对科学不重视、不尊重、不认同，导致近代中国的衰败和落后。直到"五四"时期"赛先生"的呼唤，现代科学才步入中华大地，但其后一百年"赛先生"仍在这片土地上步履艰难。这种迟缓也直接导致当日本有 22 人获得诺贝尔自然科学奖时，中国才迎来首个诺贝尔自然科学奖的难堪局面。

　　当下的中国，从普通大众到部分科学政策制定者，对"科学"的内涵和精髓理解不够。这才会导致"引力波哥"的笑话和"转基因"争论中的种种谬论，才会产生"纳米""量子"和"石墨烯"的概念四处滥用。人类社会已经经历了三次产业革命，目前正处于新的产业革命爆发前夜，科学的发展与国家的兴旺息息相关。科学强才能国家强。只有当社会主流和普通大众真正尊重科学和崇尚科学，科学才可能实实在在地发展起来，中华民族才能真正崛起。

　　这是我们办好科普讲座的最大动力！

　　现场聆听讲座会感同身受，在网上看精工细作的视频可以不错过任何细节。但为什么还要将这些讲座内容写成文字放在纸上？我今年去现场听过三场报告，但再读一遍整理出的文章，我又有了新收获、新认识。文字的魅力在于它不像语音瞬间即逝，它静静地躺在书中，可以让人慢慢地欣赏和琢磨。重读陈雁北教授的《解密引力波——时空震颤的涟漪》，反复体会"两个距离地球 13 亿光年的黑洞，其信号传播到了地球，信号引发的位移是 10^{-18} 米，信号长度只有 0.2 秒。作为引力波的研究者，我自己看到这个信号时也感觉到非常不可思议"这句话背后的伟大奇迹。又如读到今年未来科学大奖获得者薛其坤教授的"战国辞赋家宋玉的一句话：'增之一分则太长，减之一分则太短，著粉则太白，施朱则太赤。'量子世界多一个原子嫌多，少一个原子嫌少"，我对他的实验技术能达到原子级精准度而叹为观止。

记得小时候"十万个为什么"丛书非常受欢迎，我也喜欢读，它当时激发了我对科学的兴趣。现在读"理解未来系列"，感觉它是更高层面上的"十万个为什么"，肩负着传播科学、兴国强民的历史重任。想象 20 年后，20 本"理解未来系列"排在你的书架里，它们又何尝不是科学在中国 20 年兴旺发展的见证？

这套"理解未来系列"值得细读，值得收藏。

2016 年

序三 >>>

王晓东

北京生命科学研究所所长、美国国家科学院院士、中国科学院外籍院士、
未来科学大奖科学委员会委员

2016 年 9 月，未来科学大奖首次颁出，我有幸身临现场，内心非常激动。看到在座的各界人士，为获奖者的科学成就给我们带来的科技变革而欢呼，彰显了认识科学、尊重科学正在成为我们共同追求的目标。我们整个民族追寻科学的激情，是东方睡狮觉醒的标志。

回望历史，从改革开放初期开始，很多中国学生的梦想都是成为一名科学家，每一个人都有一个科学梦，我在少年时期也和同龄人一样，对科学充满了好奇和探索的冲动，并且我有幸一直坚守在科研工作的第一线。我的经历并非一个人的战斗。幸运的是，未来科学大奖把依然有科学梦想的捐赠人和科学工作者连在一起了，来共同实现我们了解自然、造福人类的科学梦想。

但近二十年来，物质主义、实用主义在中国甚嚣尘上，不经意间，科学似乎陷入了尴尬的境遇——人们不再有兴趣去关注它，科学家也不再被世人推崇。这种现象存在于有着几千年文明史的有深厚崇尚学术文化传统的大国，既荒谬又让人痛心。很多有识之士也有同样的忧虑。我们中华民族秀立于世界的核心竞争力到底是什么？我们伟大复兴的支点又是什么？

　　文明的基础，政治、艺术、科学等都不可或缺，但科学是目前推动社会进步最直接、最有力的一种。当今世界不断以前所未有的速度和繁复的形式前行，科学却像是一条通道，理解现实由此而来，而未来就是彼岸。我们人类面临的问题，很多需要科学发展来救赎。2015年未来论坛的创立让我们看到了在中国重振科学精神的契机，随后的"理解未来"系列讲座的持续举办也让我们确信这种传播科学的方式有效且有趣。如果把未来科学大奖的设立看作是一座里程碑，"理解未来"讲座就是那坚定平实、润物无声的道路，正如未来论坛的秘书长武红所预言，起初看是涓涓细流，但终将汇聚成大江大河。从北京到上海，"理解未来"讲座看来颇具燎原之势。

　　科学界播下的火种，产业界已经把它们变成了火把，当今各种各样的科技创新应用层出不穷，无不与对科学和未来的理解有关。在今年若干期的讲座中，参与的科学家们分享了太多的真知灼见：人工智能的颠覆，生命科学的变革，计算机时代的演化，资本对科技的独到选择，令人炫目的新视野在面前缓缓铺陈。而实际上不管是哪个国家，有多久的历史，都需要注入源源不断的动力，这个动力我想就是科学。希望阅读这本书对各位读者而言，是一场收获满满的旅程，见微知著，在书中，读者可以看到未来的模样，也可以看到未来的自己。

　　感谢每一次认真聆听讲座的听众，几十期的讲座办下来，我们看到，科学精神未曾势微，它根植于现代文明的肌理中，人们对它的向往从来不曾更改，需要的只是唤醒和扬弃。探索、参与科学也不只是少数人的事业，更不仅限于科学家群体。

　　感谢支持未来论坛的所有科学家和理事们，你们身处不同的领域，却同样以科学为机缘融入到了这个平台中，并且做出了卓越的贡献，让我认识到，伟大的时代永远需要富有洞见且能砥砺前行的人。

2017 年

目　　录 >>>

第一篇

计算机科学之人工智能

人们已经很难说出哪个产业是无法和计算机科学相结合的。与众多被广泛探讨的前沿科技不同，计算机科学已经为人类社会带来了巨大变化。更为有趣的是，计算机科学自身仍在快速发展之中，其研究结果向产业应用转化的速度，几乎让其他学科难以望其项背。

美国斯坦福大学计算机科学系终身教授
美国斯坦福大学人工智能实验室主任
李飞飞　谷歌云人工智能和机器学习首席科学家
AI4ALL 联合创始人兼主席
未来科学大奖科学委员会委员

现任斯坦福大学计算机科学系终身教授、人工智能实验室主任，以及视觉实验室主任，AI4ALL 联合创始人兼主席，主要研究方向为机器学习、计算机视觉和认知计算神经学。1999 年在普林斯顿大学以最高荣誉获得物理学学士学位，辅修工程物理专业。2005 年获得加州理工学院电子工程博士学位。2009 年加入斯坦福大学任助理教授，现任斯坦福大学教授、人工智能实验室主任。此前分别就职于普林斯顿大学（2007—2009）、伊利诺伊大学香槟分校（2005—2006）。担任 TED 2015 大会演讲嘉宾，曾获 2016 年英恩达人工智能先驱奖、2014 年 IBM 学者奖、2012 年雅虎实验室学者奖、2011 年美国斯隆学者奖、2009 年美国国家科学基金会杰出青年奖、2006 年微软学者新星奖以及谷歌研究奖。2015 年 12 月 1 日，入选 2015 年"全球百大思想者"。2016 年入选美国卡耐基基金会"2016 年度杰出移民"。2017 年 1 月 3 日，加入谷歌公司，任谷歌云人工智能和机器学习首席科学家（并保留斯坦福大学教授职位）。

视觉是智慧的基石

今天我给大家带来的是我们最近的一些研究思路，演讲内容关于视觉智能。我们都知道，地球上有很多种动物，其中的绝大多数都有眼睛，这告诉我们视觉是非常重要的一种感觉和认知方式。它对动物的生存和发展至关重要。所以无论我们讨论动物智能还是机器智能，视觉是非常重要的基石。在世界上所存在的这些系统当中，我们目前了解最深入的是人类的视觉系统。从 5 亿多年前寒武纪大爆发开始，我们的视觉系统就不断地进化发展，这一重要的过程让我们得以理解这个世界。而且视觉系统是我们大脑当中最为复杂的系统，大脑中负责视觉加工的皮层占所有皮层的 50%，这告诉我们，人类的视觉系统非常了不起。

一位认知心理学家做过一个著名的实验，目的是告诉大家人类的视觉体系有多么了不起，实验中测试者的任务是看到一个人就举手，这是一个智商测试，每个图景的时间是非常短的，也就 0.1 秒，不仅这样，实验人员并没有告诉测试者那是什么样的人或者他站在哪里、做什么样的姿势、穿什么样的衣服，然而大家仍然能很快地识别出这个人。

1996 年，法国著名的心理学家、神经科学家 Simon J. Thorpe 的论文证明视觉认知能力是人类大脑当中最为了不起的能力，因为它的速度非常快，大概是 150 毫秒。在 150 毫秒之内，我们的大脑能够把非常复杂的含动物和不含动物的图像区别出来。那个时候计算机与人类存在天壤之别，这激励着计算机科学家，他们希望解决的最为基本的问题就是图像识别问题。过了 20 年到现在，计算机领域内的专家们也针对物体识别发明了几代技术，这个就是众所周知的ImageNet。

下面这张图是给大家总结一下过去的几年，在分类挑战当中一些标志性的项目，横轴是年份，纵轴是分类错误，我们能够看到它的错误率降低了约90%。8 年的时间里，在 ImageNet 挑战赛中，计算机对图像分类的错误率降低了约90%，所以我们在图像识别领域内取得了非常大的进步。

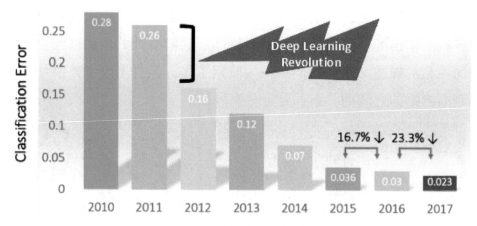

同时，这 8 年当中一项巨大的革命也出现了：2012 年，卷积神经网络（Convolutionary Neural Network）和图形处理器（Graphic Processing Unit，GPU）技术的出现，对于计算机视觉和人工智能研究来说是非常令人激动的进步。作为科学家，我也在思考，在 ImageNet 之外，在单纯的物体识别之外，我们还能做些什么？

通过一个例子告诉大家：下面两张图片都包含一只动物和一个人，如果只是单纯地观察这两张图中出现的事物，这两张图是非常相似的，但是它们呈现出来的故事却是完全不同的。当然你肯定不想出现在右边这张图的场景当中。

这里就会出现一个非常重要的问题，就是人们能够做的最为重要、最为基础的识别图像中物体关系的图像识别功能。

为了模拟人类，我们在计算机的图像识别任务中输入的是图像，计算机所输出的信息包括图像中的物体、它们所处的位置以及物体之间的关系的描述。目前我们有一些前期工作，但是绝大多数由计算机所判断的物体之间的关系都是十分有限的。

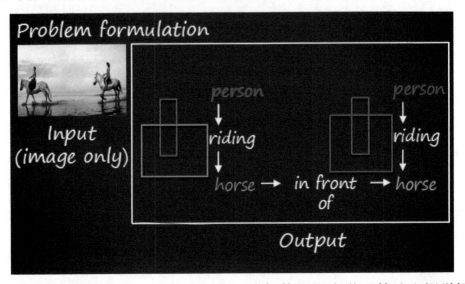

最近我们开始了一项新的研究，我们使用深度学习算法和视觉语言模型，让计算机去了解图像中不同物体之间的关系。计算机能够告诉我们不同物体之间的空间关系，能在物体之间进行比较，观察它们是否对称，然后了解它们之间的动作，以及它们之间的方位关系。所以这是一个了解我们的视觉世界的更为丰富的方法，而不仅仅是简单识别一堆物体的名称。更有趣的是，我们甚至可以让计算机实现 0 样本学习（Zero Short）对象关系识别。举个例子，用一张某人坐在椅子上、消防栓在旁边的图片训练算法，然后再拿出另一张图片，一个人坐在消防栓上。虽然算法没见过这张图片，但能够表达出这是"一个人坐在消防栓上"。类似地，算法能识别出"一匹马戴着帽子"，虽然训练集里只有"人骑马"以及"人戴着帽子"的图片。

一年前，计算机图像识别领域的发展非常快，我们也知道有很多新的研究已经超过了我们的研究成果。在物体识别问题已经很大程度上解决以后，我们的下一个目标是走出物体本身，关注更为广泛的对象之间的关系、语言等。

ImageNet 为我们带来了很多，但是它从图像中识别出的信息是非常有限的。COCO 软件则能够识别一个场景中的多个物体，并且能够生成一个描述场景的短句子。但是视觉信息数据远不止这些。经过 3 年的研究，我们发现了一个更为丰富的方法来描述这些内容，通过不同的标签描述这些物体，包括它们的性质、属性以及关系，然后通过一个图谱建立起它们之间的联系，我们称之为视觉基因组数据集（Visual Genome Dataset）。这个数据集中包含 10 多万张图片，100 多万种属性和关系标签，还有几百万个描述和问答信息。在这样一个数据集中，我们能够非常精确地超越物体识别，来进行更加精确的对于物体间关系识别的研究。

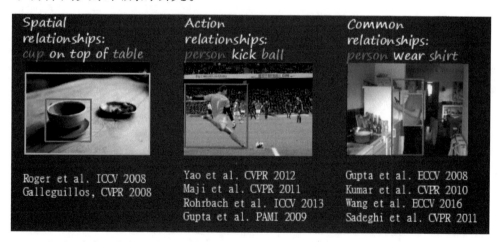

那么我们到底要怎么使用这个工具呢？场景识别就是一个例子：它单独来看是一项简单的任务，比如在 Google 里搜索"穿西装的男人"或者"可爱的小狗"，都能直接得到理想的结果。但是当你搜索"穿西装的男人抱着可爱的小狗"的时候，它的表现就变得糟糕了，这种物体间的关系是一件很难处理的事情。

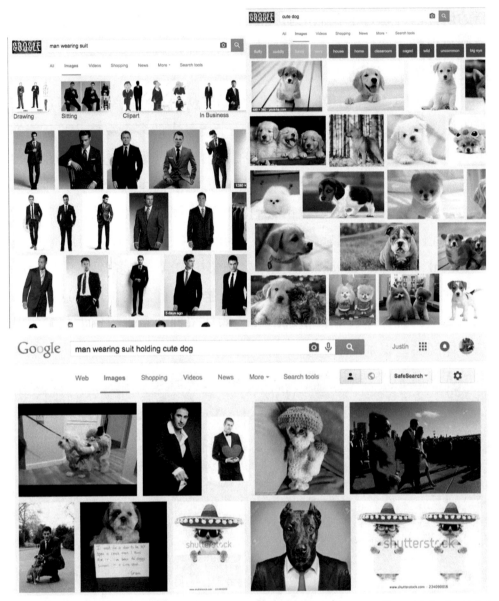

　　绝大多数搜索引擎的算法在搜索图像的时候，可能还是仅仅使用物体本身的信息，算法只是简单地了解这个图有什么物体，但这是不够的。比如搜索一个坐在椅子上的男性的图片，如果我们能把物体之外、场景之内的关系全都包含进来，然后再想办法提取精确的关系，这个结果就会更好一些。

　　2015 年的时候，我们开始探索这种新的呈现方法，我们可以输入非常长的描述性的段落，放进 ImageNet 数据集中，然后反过来把它和我们的场景图进行对比，这种算法能够帮助我们进行很好的搜索，这就远远地超过了我们在之前的这个图像搜索技术当中所看到的结果。

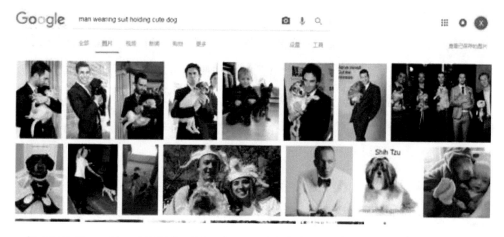

在 2017 年 11 月 1 日试了一下，Google 图片的准确率已经得到了显著提升

　　这看起来非常棒，但是大家会有一个问题，在哪里能够找到这些场景图像呢？构建起一个场景图是一件非常复杂并且很困难的事情。目前 Visual Genome 数据集中的场景图都是人工定义的，里面的实体、结构、实体间的关系和到图像的匹配都是我们人工完成的，过程挺痛苦的，所以我们下一步的工作，就是希望能够出现自动地产生场景图的技术。

　　我们在今年（2017 年）夏天发表的一篇 CVPR 文章中做了这样一个自动生成场景图的方案：对于一张输入图像，我们首先得到物体识别的备选结果，然后用图推理算法得到实体和实体之间的关系等；这个过程都是自动完成的。Visual Genome 数据集能让计算机更好地了解场景信息，但还是不够的。而且实际上到现在为止，我们仅仅探索了认知心理学家所讨论的一个概念——场景感知（Scene Gist Perception）：只需要轻轻一瞥，就能把握住整个场景中的物体和它们之间的关系。那么在此之外呢？我想回过头去看看10年前我在加州理工学院读博士的时候做的一个心理学实验，我用 10 美元/小时的费用招募人类被试，通过显示器给他们快速呈现出一系列照片，每张照片闪现之后用一个类似墙纸的图像盖住它，目的是把他们视网膜暂留的信息清除掉。然后让他们尽可能多地写下自己看到的东西。有些照片只显示了 1/40 秒（25 毫秒），有些照片则显示了 0.5 秒，我们的被试能够在这么短的时间里理解场景信息。如果我给的实验费用更高的话，大家甚至能做得更好。进化给了我们这样的能力，只看到一张图片就可以讲出一个很长的故事。

2015 年开始，我们使用卷积神经网络和递归神经网络算法比如 LSTM 来建立图像和语言之间的关系。从此之后我们就可以让计算机给几乎任何东西配上一个句子，比如"一位穿着橙色马甲的工人正在铺路"和"穿着黑色 T 恤的男人正在弹吉他"。

Deep Visual-Semantic Alignments for Generating Image Descriptions. CVPR. 2015

不过图像所包含的信息很丰富，一个简短的句子不足以涵盖所有，所以我们下一步的工作就是稠密捕获（Dense Capture）。让计算机将一张图片分为几个部分，然后分别对各个部分进行描述，而不是仅仅用一个句子描述整个场景。

除此之外，我们今年所做的工作迈上了一个新的台阶，计算机面对图像不只是简单地说明句子，还要生成文字段落，把它们以具有空间意义的方式连接起来。这与认知心理学家所做的实验当中人类的描述结果是非常接近的。但是我们并没有停止在这里，我们开始让计算机识别视频，这是一个崭新且丰富的计算机视觉研究领域。互联网上有很多视频，有各种各样的数据形式，了解这些视频是非常重要的。我们可以用跟上面相似的稠密捕获模型去描述更长的故事片段，把时间的元素加入进去，计算机就能够识别一段视频并对它进行描述。

而在简单认知以外，我们如何让人工智能达到任务驱动的水平？人类从一开始就希望用语言给机器人下达指令，然后机器人用视觉方法观察世界、理解并完成任务。另外，除了简单的认知以外就是推理，推理可以让我们回到人工智能的最初。在 20 世纪七八十年代，人工智能的先驱们就已经在研究如何让计算机根据他们的指令完成任务了。比如下面这个例子，人类问："蓝色的角锥体很好，我喜欢不是红色的立方体，但是我也不喜欢任何一个垫着角锥体的东西，那我喜欢那个灰色的盒子吗？"那么机器或者人工智能就会回答："不，因为它垫着一个角锥体。"它能够对这个复杂的世界做理解和推理。

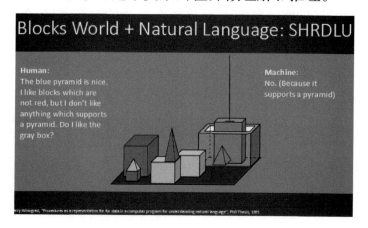

最近，我们和 Facebook 合作重新研究这类问题，创造了带有各种几何体的场景，我们把它命名为 Clever Dataset（聪明数据集）。这个数据集包含成对的问题和答案，这其中会涉及属性的辨别、计数、对比、空间关系等。我们会给人工智能提问，看它会如何理解、推理、解决这些问题。我们将人工智能和人类对这类推理问题的回答做了个比较：人类能达到超过 90% 的正确率，机器虽然能做到接近 70% 了，但是仍然有巨大的差距。有这个差距就是因为人类能够组合推理，机器则做不到。

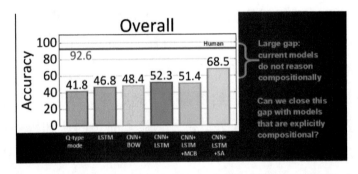

因此我们开始寻找一种能够让人工智能表现得更好的方法：我们把一个问题分解成带有功能的程序段，然后在程序段基础上训练一个能回答问题的执行引擎。这个方案在尝试推理真实世界问题的时候就具有高得多的组合能力。这项工作我们刚刚发表于 ICCV（国际计算机视觉大会）。

比如我们提问"紫色的东西是什么形状的？"，它就会回答"是一个立方体"，并且能够准确定位这个紫色立方体的位置，这表明了它的推理是正确的。它还可以数出东西的数目。这都体现出了算法可以对场景做推理。

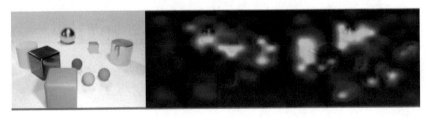

总的来看，我给大家分享的是一系列超越 ImageNet 的工作。

首先，计算机视觉能够做到除物体识别之外的关系识别、复杂语义表征和场景图景的构建；其次，我们使用视觉+语言处理单句标注、段落生成、视频理解、联合推理；最后是任务驱动的视觉问题，这还是一个刚刚起步的领域，我相信视觉和逻辑会在这个领域真正携起手来。人类视觉已经发展了很久，计算机的视觉识别虽然在出现后的 60 年里有了长足的进步，但仍然只是一门新兴学科。

最后，用这张图来结束，这是一个 20 个月大的小女孩，视觉能力是她的日常生活里重要的一部分，她读书、画画、观察情感、和这个世界建立各种联系等，而这些毫无疑问对于她的成长非常关键。视觉认知，或者说视觉智能，对于我们人类的理解、交流、协作、互动等都是非常关键的，而我们才刚刚起步，去探索这个新的世界。

李飞飞

2017 未来科学大奖颁奖典礼暨未来论坛年会·研讨会 8

2017 年 10 月 29 日

Dawn Song | 加州大学伯克利分校计算机系教授

　　加州大学伯克利分校计算机系教授。研究方向是深度学习与安全领域，研究计算机系统和网络中的多种安全问题，包括软件安全、网络安全、数据库安全、分布式系统安全、应用密码学，以及机器学习和安全的交叉领域。曾经获得麦克阿瑟奖（MacArthur Fellowship），古根海姆奖（Guggenheim Fellowship），美国国家科学基金会杰出青年教授奖 （NSF CAREER Award），斯隆研究奖（Alfred P. Sloan Research Fellowship），《麻省理工科技评论》"35 岁以下科技创新 35 人"奖（TR-35 Award），日本大川奖（Okawa Foundation Research Award），李嘉诚基金杰出女性科学家系列讲座奖 （Li Ka Shing Foundation Women in Science Distinguished Lecture Series Award），由 IBM、Google 等主流技术公司颁发的教授研究奖 （Faculty Research Award），以及若干顶级会议的最佳论文奖 （Best Paper Award）。在加州大学伯克利分校获得博士学位。在任教于加州大学伯克利分校之前，于 2002 年至 2007 年任教于卡耐基梅隆大学。

人工智能和安全的未来方向

今天我谈的话题是 AI 和安全。AlphaGo 赢了世界围棋冠军，宣布机器已经达到了人类的水平，同时，AI 也可以帮助人类完成很多日常的工作。我们在享受 AI 迅速发展的同时，还可以看到另一个趋势：在安全领域，网络黑客的袭击越来越多。比如最近发生的一些黑客事件影响到了几十万的用户，覆盖了 160 个国家和地区，造成史上最大型的分布式拒绝服务袭击之一。还有一个史无前例的大型攻击事件——"永恒之蓝"勒索软件在几天之内就影响到了 20 万台机器，覆盖了 150 个国家和地区。

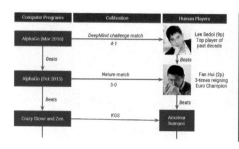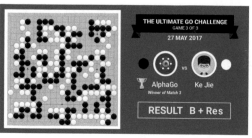

而且现在黑客已经进入了一些新的领域，比如乌克兰的近期一次大规模停电，还有一些银行的安保系统遭受袭击，都是网络黑客造成的。所以我们享受 AI 带来的便捷优势的同时，安全性和 AI 之间的关系也变得越来越重要了。随着世界的不断进步，怎么能够让 AI 更好地帮助我们防止安全受到侵袭？我们应该怎样通过部署 AI 来增强对我们安全的保障？其实现在深度学习已经越来越多地帮助我们提高了安全性，比如脸部识别技术可以进行一些用户检测和识别。

再看物联网方面，2020年我们会有500亿个物联网设备在全球部署，但是这些设备是有漏洞的，我们怎么更好地保护这些物联网的设备呢？可以用深度学习的这种方式更好地提高它们的安全性。

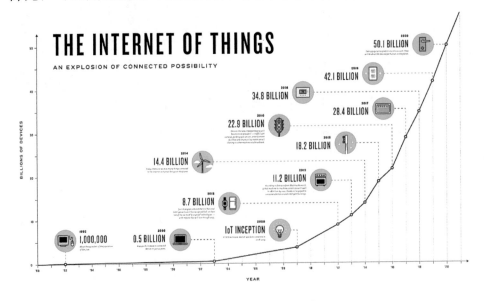

这是个架构图：

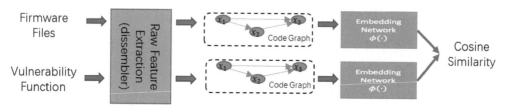

通过这样的方式，我们就可以提高这个系统的防护能力，检测到一些有漏洞的部分。这个例子告诉我们，自动检测漏洞对于提高安全性很重要，而深度学习可以帮助我们做到这一点。

令我们振奋的是，深度学习也可以帮助我们解决一些新的安全问题，比如我们现在在开发一些自动的入侵检测分析和防御的中间机制，因为人类永远是里面最薄弱的环节，超过 80% 的这些袭击都是在社交平台。很多人都知道 Chatbot 聊天软件可以用来订机票、酒店等，我们现在正在研究怎么样用 AI、深度学习的技术让聊天软件能够发现一些社交工程方面的袭击和进行自动防御。

另外，我们还可以使用机器学习和深度学习进行软件安全的自动验证，我们培训计算机做一些游戏，比如下围棋，计算机可以比人类下得还好，但在一些情况下，人类在很多方面还是比机器灵活性更高。

现在我们也会自动地去搜索一些原理、验证一些程序的正确性等，我们也可以利用一些深度学习、机器学习技术去实现这些功能。

所以，AI 确实也可以给我们带来很多新的安全方面的帮助；从很多方面来看，其实这两者存在相互促进的一种关系。

我们在进行部署的时候，就应当考虑潜在袭击的存在，随着新技术的发展，攻击者会去攻击新技术。攻击者有两种打击形式：第一种是有意识地去袭击 AI，让学习系统制造出一些错误的结果，所以我们就需要提高学习系统的安全性；第二种是黑客也可能会雇佣 AI 去袭击其他的系统，所以我们也需要加强其他系统的安全性。

我们看一下黑客可以怎么样去袭击 AI 呢？尽管 AI 发展得非常好，但是一个深度学习的系统里面仍然存在很多可能被误导的地方。例如，针对一个用于图像分类的深度学习系统，黑客可以通过模拟一张与原始图像比较类似的图像误导学习系统；而我们可以应用一些保护机制来防止黑客去误导学习系统，也就是防止系统错误地进行分类。

为什么我们要关注这个现象呢？这里我给出一个例子——无人汽车。无人汽车需要观察周围的环境做出决定。下面是伯克利的一个路标，对于人来讲，我们可以非常清楚地知道它的意思；但是如果我们在路标上面贴了一些覆盖物，就可能会让机器系统对这个路标进行错误的归类。

在实际的物理世界里面，我们的实验显示出可以做出物理世界中的对抗样本，在不同的视觉距离和角度或者其他条件下都保持有效。在实验中，我们只是对这些路标做了一些非常小的调整，有些调整可以很清楚地看出来，有些可能不是很容易能看出来。对于人类来讲，分辨这些调整过的路标是肯定没有问题的，但是机器学习系统可能会进行一些错误的归类。

我们再来看一些最新的研究成果——这是另外的一个例子，就是根据图景进行问答。在这里，我们给定深度学习系统一个图像，然后针对这个图像进行提问，比如问"这个女士在喂长颈鹿吃什么"。这个时候，机器能够给我们提供正确的答案。

下面这张图展示了一个图像的问答系统，针对原始的图像，我们的问题是"飞机在哪里"，这时候系统给出了正确的答案，就是在跑道上。在下面的部分，我们对图像做了细微的改动，然后看这个系统会不会对这张图像给出一样的答案。我们可以看到，稍微对这个图做了修改后，系统的答案却变成了"天空"。

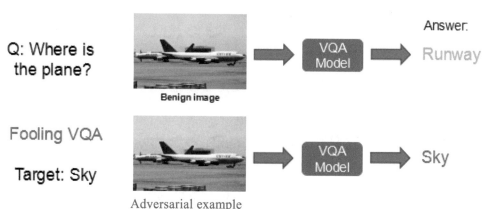

对于下面这张图像，我们的问题是"在这里有几只猫"。一开始机器给我们的答案是正确的，我们把图像稍微进行了更改之后，基本上看起来和原图一样，但这个时候给出的答案是2，是错误的。我们还是希望用这些对抗样本看一下它是否能够放到过去扰乱深度学习的代理程序，我们可以看到，上下两张图对于人眼来说基本上一样；我们需要这种人工智能系统即使是在受到攻击的情况下，也可以给我们提供正确的答案。当然，我们对于这方面的防御机制进行了很多研究；在过去的一年当中，我们看到这个方向已经发表了100多篇论文。但是，今天的攻击者依然可以非常轻松地攻破现有的防御系统。所以对于这种对抗机器学习的研究非常重要，它帮助我们去构建一个非常关键的安全的系统。

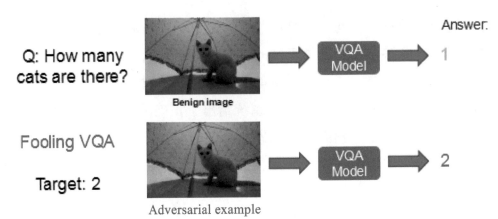

我们讲到学习系统的安全性面临着很多挑战，包括软件层面、学习层面和分配层面。首先在软件层面，我们要确保这个软件本身是没有漏洞的。如果有这种问题的话，攻击者就能够非常轻松地去控制软件当中的这些学习系统。

在学习层面，我们有更多挑战。在学习系统当中，我们有很多非符号性的程序。这个领域当中有很多挑战，而且现在我们的经验还是很有限的。比如当我们提出一个问题的时候，如何能够去了解预期的实现目标应该是什么？比如对于自动驾驶的汽车，我们需要保证它们不能撞人，但是我们如何定义人呢？并且，我们没有办法了解学习系统是如何工作的，传统的符号推理技术也很难应用于这个领域。

我们需要研发新的网络构架和新的方法，来帮助我们确保安全。

Deep Learning Empowered
Bug Finding

Deep Learning Empowered
Phishing Attacks

Deep Learning Empowered
Captcha Solving

运用 AI 攻击其他系统是对 AI 的一种错误用法，如果运用基于深度学习的 AI 技术进行攻击，可能让攻击变得更加高效。攻击者希望有假的审核过程，之前雇佣人工做这个工作，后期用假的审核工作。

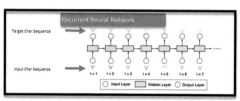
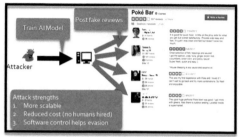

有些时候，我们没有办法对假的审核流程进行分辨，因为它是通过深度学习实现虚假的审核过程。我们能够看到，一方面 AI 能够让我们的安全能力更强，但是从另外一个角度来讲，我们必须要确保做出的决策是正确的，而且防止对 AI 的错误应用。我们在部署 AI 的时候，安全一定是我们所面临的最大的挑战之一，而且很重要的是，我们一定要在最早期的时候考虑 AI 的安全方面的问题。

未来我们的方向就是如何去更好地理解安全对于 AI 来讲意味着什么，对于学习系统来讲意味着什么，如何识别出学习系统正在被影响或者正在被错误地使用，以及如何建立一个更加强大的防御系统来防止被错误地使用。让我们共同携手应对未来的挑战。

Dawn Song
2017 未来科学大奖颁奖典礼暨未来论坛年会·研讨会 8
2017 年 10 月 29 日

科学·对话

|对话主持人|

熊伟铭　华创资本合伙人、未来论坛青年理事

|对话嘉宾|

李飞飞　美国斯坦福大学计算机科学系终身教授、人工智能实验室主
　　　　　任，谷歌云人工智能和机器学习首席科学家，AI4ALL 联合
　　　　　创始人兼主席，未来科学大奖科学委员会委员

Dawn Song　加州大学伯克利分校计算机系教授

沈海寅　奇点汽车首席执行官、创始人

王　劲　前景驰科技（JingChi.ai）创始人兼首席执行官

汪　玉　清华大学电子工程系长聘副教授

周志华　南京大学计算机科学与技术系副主任、国际计算机学会
　　　　　（ACM）院士、电气电子工程师学会（IEEE）院士、国际人
　　　　　工智能促进协会（AAAI）院士

熊伟铭： 感谢两位老师的精彩演讲，相信我们了解了我们面对一个什么样的 AI 科研世界。我们研讨环节有六位大咖在台上，因为时间有限，不做更多的介绍了。您的美国同行，两位老师讲了一下 AI 研究最前沿领域，作为学生，我们都知道您的"西瓜书"，机器学习全是西瓜书，怎么看机器学习在中国研究行业的现状，以及我们对于 AI 前沿问题的认识和现在学者的一些状态？

周志华： 我写的这本书是机器学习这个领域的入门教科书。大家学物理需要普通物理的教科书，学了普通物理并不能保证是物理专家，只是用来入门。刚才两位专家，一位是计算机视觉方面，一位是人工智能应用到安全方面。如果说华人研究情况，从作为人工智能基础领域的机器学习来看的话，华人学者在这个方面还是做了很多工作，大部分前沿问题都有华人学者在研究，产业结合方面也做了很多事。

熊伟铭： 我们两组嘉宾，一部分是学术界，一部分是工业界，中间没有明显的一条线，我们看到很多跨界的人才，李老师在 Google 做首席科学家，汪老师不仅做研究，还创立了公司，作为老师创业，怎么看待这件事情？压力是不是很大？讨论到人工智能领域，利用人工智能这个机会，在中国是否真的有半导体的这波机会？

汪　玉： 作为清华大学的一位老师，我看到人工智能已经发展了很长的一段时间，真正开始做研究的时候，主要是因为 2012 年 CNN 一下起来了。我是做加速器的，跟芯片相关的智能加速，我想是不是可以做一下加速这件事情。那个时候可以做加速研究，并没有看到工业和学术的明显差异，只不过我们都在研究非常重要的问题。这个问题在什么时候可以应用？如果做的研究是 10 年以后可以应用的，就做

的是一个非常基础的前沿研究；如果做的研究是两三年之内可以应用的，其实是更偏向工业界的研究。所以我并不觉得在学校里面和工业界有太大的本质上解决问题的区别，只不过定位是马上可以用，还是在未来的 10 年才可以用。如果做创业，肯定要花时间做这个事情，一定是辛苦的。

关于有没有可能中国的半导体行业在这一波人工智能起来的时候有一些机会，我觉得一定会有的。有几个方面的原因：第一个原因，目前人工智能最大的市场其实是在中国，而且中国在高速发展，这是一个最大的好处吧；第二个原因，其实从政策和资金的扶持上，中国也是非常有机会的，可以看见中国已经把人工智能作为未来最重要的政策之一，写到国策里，比如在半导体行业的基金里，也有大基金的背后推动，所以整个半导体行业也在不断地蓬勃发展；第三个非常重要的原因，其实也是老师可以做的很多事情，就是各方面的人才，特别是中国对海外留学人才的吸引，以及对本土做这种高端的，不管是算法还是硬件，还是整个产业链上的其他环节人才的培养，也越来越重视。

从这几个方面来看，中国还是非常有机会的。

熊伟铭：我们经常开玩笑说 CBPR 变成了华人科学家非常好的聚会机会，今天台上有两位嘉宾都是做车相关的，王劲王总做无人驾驶，沈总做 EV（电动汽车），今年年底或者明年会看到大量的国产 EV 上市，有点像汽车行业经过了 100 年，现在焕发了青春，请

两位嘉宾分享一下，怎么看待 AI 和汽车相结合带来的机会？到底是多巨大的机会？

王　劲：大家知道汽车行业现在面临着非常大的机会，或者说是颠覆和被颠覆的机会，世界上几个大国，都在这个上面发力或者全力以赴，尤其是中美德日这四个国家，在进行一个全面的竞争，这个竞争有三个方面：第一个方面是技术和人才的竞争，第二个方面是产业的竞争，第三个方面是国家的法律法规和民众的接受度的竞争。从第一个竞争可以看到，无人车是未来汽车产业胜负的决定性的技术，这个方向从技术上来说，一辆无人车不是简单的传统汽车，是一辆传统的汽车加上会开车的机器人，这个方面使得 AI 和汽车进行紧密结合。在中国，尤其是 AI 公司、教授在这个方面投入非常大，中国终于在100 多年的汽车产业上有了机会，靠我们 AI 和技术上面的一些领先优势，来争夺这样的一个产业的领导权。

沈海寅：听了两位老师的演讲，我有了很多想法，汽车行业未来的决胜点是在 AI 上。目前 AI 在汽车上的运用，更多地体现在无人驾驶和自动驾驶，其实在汽车当中，从应用角度来看的话，AI 在智能驾驶、人机交互、车联网等汽车相关的领域中还有非常多的应用，比如，计算机视觉可以用在语义识别上，过去曾有新闻，出行的父母把小孩留在汽车里，小孩因为热或者空气问题出现一些不幸，也许可以通过摄像头，判断车内的小孩是何种状态，里面有没有大人，通过分析，再启动报警装置或防护功能。这样丰富的应用场景，让 AI 为汽车带来很多更安全、便利的解决方案。

我从互联网行业转型汽车行业，希望能带来一些不一样的认识。大家都知道我过去在奇虎 360 和金山软件都任过副总，自然对"安全"非常重视。应用在自动驾驶领域，我们的技术初衷是"保障人的安全"，所以也就更注重实用性和落地性。例如，我们是将计算机视觉、毫米波雷达两个融合在一起，通过传感器融合和算法迭代不断升级自动驾驶能力，而不是盲目追求无人驾驶，未来 AI 在汽车方面的应用的确任重道远，但是学术界和产业界结合，AI 是很好的切入点。

熊伟铭：我们既是参与者又是旁观者，我们看到非常少见的学术界和产业界结合非常紧的行业，因为这里面有很多对于人才的竞争，我们的学生们在知乎上搜机器学习，大家讨论应该出国去斯坦福、伯克利，还是应该找周老师，去清华和深度学习比较出名的学校去学习，还不包括大家快毕业时选择什么道路。在人才竞争上，所有的人都去抓最聪明的学生们进入这个领域。李老师和 Song 老师，你们怎么看待？或者你们在美国市场上看到人才的竞争是什么样的格局呢？

李飞飞：目前 AI 人才市场可以用四个字概括：全球稀缺。不管学术界还是工业界，全世界都迅速地意识到，是大大的供不应求，我现在既是在学术界，又是在产业界，有很多机会和思考，学术界本身一直在倡导，需要更大规模地投入基础教育和研究。这个时刻的 AI 还是一个非常新的领域，虽然大家看到了一些特别让人激动的效果和落地的场景，但我们真的有一条很长的路要走，如果不对上游的教育和研究加大支持力度的话，不管从人才的角度，还是从整个领域的角度，都会出现一个危机。在产业界，因为我现在身处 Google，我也看到了 Google 本身对于 AI 人才的重视，不光是到处挖掘人才，也有很多培养人才的机会，我们强调 AI 普适化，我站在 Google 云的角度，也在从各个方面鼓励 AI 人才的增长，这都会提供一些很好的机会。

Dawn Song：我完全同意。一方面大家确实看到 AI 方面的人才是非常稀缺的，同时这也是一个机会，大家都面临这样一个问题，所以才能够真正把企业界和学术界结合在一起，大家共同努力，共同培养更多的 AI 人才。另一方面，企业界现在很重视使用 AI，用当前的 AI 技术解决现在的问题。之所以我们现在有这种 AI 问题，其中一个原因也是虽然现在 AI 技术已经发展得很快，但是同时我们对真正深度 AI 的理解是完全不够的。我们其实并不知道这些深度学习的系统为什么

有效，怎么样有效，同时有什么样的问题，这些都是对学术方面、对这个领域的非常基本的理解。企业界对这种问题关心得可能会稍微少一些，因为它并不能直接帮助解决现有的问题；但是从长远来讲，对整个人类社会、整个世界应用 AI，更好地发展 AI，都是非常重要的。

虽然大家现在看到 AlphaGo 可以打败围棋冠军，但是其实我们对 AI 真正的理解还差得非常远。企业希望用 AI 解决很多应用当中发现的问题，但是 AI 在这方面的能力还是远远不够的。因为这些原因，我们更要重视并大量投入对 AI 的基础研究，希望大家感受到这点确实很重要。对于整个企业界或者学术界，这些还是非常新兴的领域，需要很多的研究、很大的投入，所以这是企业界和学术界共同合作的非常好的机会，大家都看到同样的需求，可以共同地合作来把这些问题解决好。

熊伟铭：我们其实需要很多基础研究，我们内部经常讲一个笑话，看看《铁臂阿童木》，那是 20 世纪 50 年代人们对人工智能的期待，但是今天到哪儿了？今天 AI 所处的状态，如果做一个对比，或者如果看互联网的发展历史，1969 年发出第一个信号，我对互联网的印象完全处

于雅虎这样早期的公司，处在 1994、1995 年。我们现在处在什么样的时代？什么样的节点？我们现在到 1995 年了吗？从 AI 的角度来讲。

周志华：这个问题不知道从哪儿说起，它和刚才有一定关系，在 AI 学术界之外的很多人士，对人工智能产生兴趣是最近五六年的事情，大家发现人工智能技术一下可以解决很多问题，感觉人工智能一

下子爆发了，但是从学术界来看不是这样的，是一点一点往前走，其实人工智能上一波热起来是 20 世纪 80 年代的时候，当时提出很多目标没有实现，有不少目标现在已经实现了，所以今天的人工智能应用是在消费过去 20 年里人工智能学术界积累起来的东西。

今天的一个大问题，是全世界人工智能人才稀缺，对于中国来说这个问题更加严重，因为中国真正跟国际比较接轨的人工智能研究大概也就是最近 10 年左右的时间，所以我们积累的人才量非常少。另一方面，现在国内的人工智能企业对人才的需求非常旺盛，大家都想到各个地方挖人。但是怎么样到上游去培养人才，怎么样促进培养出更多优秀的年轻人才、为未来发展做人才储备这件事情，可能大家想的不是太多。很多企业来找我们要学生，我开玩笑说，现在世界上比较有名的做 AI 的教授，大部分从学校到企业去了，10 年以后说不定你们就只能到南京大学，到我这里来招学生了。

王　劲：其实我们现在谈到人工智能，应该是基于深度学习（Deep Learning）的人工智能，以前是专家系统人工智能，这个人工智能概念是 1956 年提出来的，2006 年比较多地被认为是基于深度学习的人工智能的创始年，真正大规模进入工业界应该是 2012 年，Google、百

度率先大规模地应用到现在的技术上面,来让亿万用户使用这些技术。如果这样推算,今天应该比 1995 年雅虎推出来的时间点往后,1995 年大规模地让人能够用上英特尔技术,2012 年底 2013 年初,大规模应用人工智能技术,让普通用户得益于技术突破。当然这个技术突破确实竞争非常激烈,尤其是在人才竞争上面,我非常同意李飞飞教授讲的全球稀缺,可以看到全球人才竞争的激烈程度,尤其中国的稀缺程度比美国还要强,为什么这么说? 在以前,同样的人才,在美国薪酬更高一点,在中国薪酬会低一点,而 AI 的高端人才,在美国的薪酬比中国低了。在美国工作的高端 AI 人才转到中国来薪酬加 15%,如果从中国转到美国则降 15%。现在不知道存在不存在这种情况,基本上反映出来有这么一个鼓励趋势,说明中国更需要 AI 人才。

李飞飞:我是学物理出身的,我特别想提醒大家,AI 是只有 60 年历史的新兴行业,站在人类的历史长河,这个话题已经被提出上千年了,这个话题从哲学角度、心理学角度,慢慢走进生物学、脑科学角度,后来走进计算机学角度,作为一门科学,这是非常博大精深的话题,以后的路可能会特别长。所以虽然现在我们有很大的一波令人兴奋的事情,但这是一个起步。

看过去几百年现代物理学的发展,很多人觉得牛顿开启了现代物理学,牛顿对于物理学的意义就是提出了一套特别重要的理论体系。从这个角度来看,人工智能还没有达到牛顿力学的程度,还没有一套非常完美的理论体系,来解释不管是算法也好,还是人工智能的问题也好。这几天我一直在想,我们到底是伽利略时代,还是比伽利略时代还要洪荒,但是我不清楚,我只是想提醒大家,现在刚刚进入人工智能的起步点,物理学从牛顿力学走进电磁学,走进量子力学,走进相对论,走了多少步?! 现在还在继续发展,站在人工智能研究者的角度,我自己是带着非常谦卑的心在看我们这个领域。

熊伟铭：是不是也是因为人工智能这个领域是一个交叉性的领域呢？因为我们最近几十年发展出来的计算机科学，牛顿时代还不能用这种工艺，还有神经网络跟脑科学、神经科学，人类学习过程当中试图把它们用到机器学习里面去，是不是因为这个原因，我们处在非常崭新的专业起点上？

李飞飞：站在科学角度，任何一个新兴科学都是交叉的，今天看牛顿是经典力学，当年牛顿要发明微积分才能解决力学问题，那个时候他也在做交叉科学，所以人工智能是交叉的，任何一门科学走在最前沿的时候一定是交叉的。

沈海寅：今天早上跟王劲王总聊天的时候讲到，现在中国很多的地方政府都在说建 AI 小镇，我们自己在跟政府讲的时候，的确说 AI 是未来的一个发展方向，但是民众对于 AI 的认识和我们学术界或者产业界对 AI 的认识之间的差距很大。最近我讲 AI 驱动智能汽车，讲到历史，AI 过去两起两落，现在是第三波浪潮，还会进到谷底吗？应该说我个人比较乐观，过去很多时候因为受到的限制比较多，但是今天很多条件的确成熟了。虽然 AI 还处在说不定的时代，但是从硬件准备到软件算法，到强化学习等的出现，我觉得现在已经到了一个可以进入我们应用的层面这样一个很好的时间点。虽然也许在最顶端，比如我跟机器聊天，基本上聊两三句就能把机器聊死了，但是如果退而求其次，比如在车上，像电池管理系统，完全可以用 AI 去做，可以做得比传统车更好。从这个角度来讲，我们的汽车叫奇点汽车，今天的确是一个奇点，值得大家期待。

Dawn Song：现在 AI 确实在一定程度可以被应用；另外，我想强调一点，AI 是非常长远的一条路，即使我们想到它有多棒，但是很难，其实可能比你想的长远还要更长远。因为 AI 本身是非常深的，虽然现在 AI 在解决一些问题，但是从真正意义来讲，如果把 AI 能够做的事情看成大海的话，现在做的事情仅仅是其中一滴水。这个社会很复杂，很多事情需要学习。小孩子从小长大，可以自己很快地学习很多事情；而现在的 AI 跟几岁小孩子比，相差不知道还有多远，因为 AI 需要大量的训练，并且 AI 的学习方式和人有天壤之别。有一天，AI 真正能够被训练成像人一样学习，可以想象它的天空多么广阔。好比现在，我们做的另外一个研究方向是教机器写程序，当然这还是一个非常前沿的问题，我们仅仅还是刚刚起步。但是可以设想，如果真正有那一天，我们能够教机器写程序，那么现在的很多系统可以由机器自动进行操作。

现在的大多数模型还是人工建的，而对于很多复杂的问题，怎么能够用机器学习的方法来更好、更快、更自动地搭建深度学习的模型也是一个研究方向。这仅仅是一些例子，可以看到从长远来讲，AI 能够做的事情比我们现在想象的还要广阔得多，所以从这个角度来看，我们真的是在非常早期的起步阶段。

汪　玉：因为我是做硬件的，从非常大的范围来看，硬件概念的出现，或者计算的硬件概念出现是从 CPU 时代开始的，差不多 60 年前，开始有了集成电路这个东西之后，极大地推动了互联网、移动互联网，到现在人工智能的发展。所以其实大家原来可能都没有软件和硬件这样一个概念，我们想出来一个方法，然后可能有人去实现一下，或者盘算做一下，这样的东西出现之后，极大地加速了人类科技的进步，这是非常重要的一件事情。从这样的基础核心的硬件发展来看，好的 CPU 出现，也就四五十年、五六十年，GPU 也在推动整个神经网络再次发展，从英伟达开始，从两三家到百花齐放，也是一二十年。从人工智能怎么往前走，也是迭代过程，未来到底是什么样的平台，是量子，还是新的器件和电路，都不清楚，但是一定是未来非常重要的事情，如果想进一步做到机器和人能有一样的能力，到底这个怎么样？不一定是电路，可能是化学、材料的突破。

熊伟铭：如果展望未来的话，我们有很多东西今天还不知道。问一下未来的事情，不问 100 年，不考虑太远，就说明年如果聚在一起，AI 会发生突飞猛进的变化吗？还是大概增加了两三个话题？我们怎么期待 AI？作为从业者的专家和看直播的普通观众，期待 AI 在一年当中有怎样的变化？

周志华：我是泼冷水，所有科学技术发展都是一步一步往前走，在这个领域的每一步进展，可以看到每一步都是一小步，但是如果一段时间没关注，突然看到可能就感觉是一大步。

熊伟铭：每个学术界领域里面似乎都有一个加速度，最早没有微积分的时候，牛顿很痛苦，但是有了这个工具之后，他开始有一些加速地理解这个世界的方式，像我们从没有计算机到今天全球超算最快的两台都在中国，在很多领域里面，我们会看到学术界需要积累一些加速度，我们现在是否到了一个有加速度的点，还是我们可能还需要再经过 20 年，或者更长的时间，才能到这个点？

王　劲：我跟沈总是一个流派的，我是非常期待、非常乐观地看这个事，今天谈 AI，几个关键点到了临界点，第一是人才，全世界非常多优秀人才集中朝向学习 AI 这边来了，这么多教授到这里。

第二是资金，台下还看到很多 VC（风险投资）、PE（私募股权投资）面孔。

第三是产业，很多产业看到 AI 给他们带来了非常大的变化，是一种进步也是一种颠覆，他们都觉醒起来，想要参与到 AI 浪潮。

第四是国家，地方政府、中央政府意识到，AI 这一轮竞争，谁不参与，谁不达到领先地步，谁就会落后，中国过去几百年都体会到落后就要挨打，AI 这一轮竞争，没有国家愿意落后，以无人车行业为例，真的是一个大国的竞争，每个国家从产业扶持政策到人才、技术鼓励，都是一个史无前例的情况。所以我非常期待，也许明年再谈，有很多产业参加到这里面来，不仅仅在 AI 本身，很多是边缘性的各种学科结合或者产业结合，我们看到有很多新的机会被创造出来。

沈海寅：现在中国有几个纲领性文件，如《中国制造 2025》，现在出来人工智能，AI 2030 年的长期计划，从这个角度来讲，还是在 10 年时间往前推进。我们过去一直讲互联网+，现在我们讲 AI，有两个加法，一个是 AI+，AI 本身的产生能不能带来新行业；另外一个是 +AI，在原有的行业基础上，加上 AI 以后，能够给行业带来哪些变化。AI+，出来一个新东西，从 0 到 1，大家觉得这个东西很好玩，其实，对于我们来说，真正潜移默化和细水长流的是+AI，过去有这么多的行业，其实还是处于连+互联网都没有做到的领域，跳过+互联网，+AI 以后，给行业效率带来很大变化。

还是拿车的例子，其实我们每天的技术进步，都能够辅助在驾驶上面，给我们的用户带来一些体验，比如我们可以避免那些把油门当成刹车来踩的杀手司机给我们带来的危险性，仅仅这些变化其实已经可以让我们的社会变得更美好了，这种变化还是非常值得期待的。

熊伟铭：看起来工业界的嘉宾更为乐观。

李飞飞：学术界的学者一般都跟周老师差不多，但是借着未来论坛环境做一个小小的寄语，这是我第二次参加未来论坛，最近跟学生接触，很多学生跟我说的就是我发现人工智能特别火，我想参与人工智能，我和志华在十几年前进入人工智能领域的时候，这是一个非常冷门的领域，对科学的追求实际上是一种最真理性、原则性的追求，它是一个长久的、有原则的过程，也是需要有这种坚忍心的，我更希望一年以后有更多的学生找到我，说的是人工智能任重道远，这是一门非常美妙的科学，我希望参与，而不是说今天人工智能特别火，所以我才来。

熊伟铭： 几位嘉宾对年轻人无论是选择大学还是选择研究生学习，或者选择工作，有什么样的寄语？

Dawn Song： 我以前也是做安全的，现在做 AI 安全，我做安全的时候其实也是非常冷门的。你选择做什么要看对哪个方向更加感兴趣，而且要意识到它是一条很长的路。确实真正看很多问题都是从很小的地方起步的，所以大家需要在它还没有真正变得这么火的时候，更注重对一些基础问题的深度思考。当然这对学生来讲其实是一个很大的挑战，因为学生可能还没有在这个方面有过很多训练，所以这也是对学生的一个提议，需要更多地花时间去对这种更加基础、基本的问题进行深度的思考。

周志华： 年轻的同学们如果希望对人工智能本身做一些工作、有所贡献的话，我建议坐下来思考一些比较深入的问题。如果希望在工业界有更好的发展的话，建议把眼光放开一些，多了解人工智能不同方面的技术，因为人工智能领域实在太大了。

汪　玉： 我其实管电子系两千多个学生，接触了很多学生就业时候的困惑，我的建议是找到自己的兴趣，然后坚持，至少坚持 5 到 10 年。

王　劲： 把 AI 作为科学来坚持，可能是长期的苦旅，但是我们不仅从事 AI 本身研究，还可以把 AI 这些技术带来的成果应用到各个产业，让它从现在开始就服务于人类，让普通民众都能够受益于今天这个技术的某种突破，这也是非常值得期待的一件事，也是非常好的一个未来。

沈海寅：欢迎学 AI 的同学们加入到产业界，能够学以致用。当然要把目光放长远一些。最近跟很多朋友聊天都会问，你觉得 AI 有什么影响吗？我自己是一个 8 岁男孩的爸爸，跟已经是父母或者要做父母的朋友说一下，你们现在可以不去考虑今天明天的生活会因为 AI 而发生改变，但是你为孩子考虑职业的时候，要想一想 AI 在 20 年后会给人类生活带来什么变化，再去考虑孩子应该培养哪些技能、如何发展，这特别重要。AI 的兴起在 20 年以后肯定会使一部分职业消失，不要让孩子输在起跑线上。

熊伟铭、李飞飞、Dawn Song、
沈海寅、王劲、汪玉、周志华
2017 未来科学大奖颁奖典礼暨未来论坛年会·研讨会 8
2017 年 10 月 29 日

第二篇

走向未来：人工智能和安全

人工智能的目的是让计算机这台机器能够像人一样思考；深度学习的目的是构建一个合适的精神网络结构，让机器有能力"自己思考"。近年来，计算机的计算能力和存储能力都有了很大的提高，数据发掘引领了大数据时代的到来，使得原来复杂度很高的算法能够实现，得到的结果也更为精细。在新技术的急速发展过程中，计算机安全自然成为重中之重的大事。

Dawn Song | 加州大学伯克利分校计算机系教授

人工智能和安全

谢谢大家，我非常荣幸这次能到上海参加未来论坛会议。举办未来论坛对中国、对科学以及对人类的发展都是非常有意义的，我也很高兴今天能够在这里给大家演讲。

今天我将讨论人工智能和安全的未来。人工智能在很多方面都有了巨大的进展：AlphaGo 在韩国和中国都已经战胜了人类，基于深度学习的图像识别分类系统在大规模图像数据集（如 ImageNet）上也有超过人类的表现。同时，深度学习促进了生活各个方面的发展，给医学研究也带来了革新。此外，深度学习也具有改善安全方面的能力，包括强化人脸识别、欺诈检测以及恶意软件的检测。

以上讨论的这些都是深度学习的优点，然而今天，我要讨论的是深度学习和 AI 非常重要的另一面，也就是人工智能和安全。

人工智能遇到攻击的时候是怎样的？为什么讨论这一点呢？首先来看看历史上发生了哪些攻击，而这些事例告诉了我们什么？历史表明，随着互联网技术的提升，各种攻击随之而来，互联网和很多软件在发展初期并没有考虑到安全性因素，因此在互联网发展之后遇到了许多黑客攻击，致使计算机成为傀儡机，服从黑客进行的大规模攻击。这里我给大家举一些网络袭击的例子。在互联网发展之初，总共有 6 万台计算机，当时有一个叫莫里斯的学生制造了第一个大规模蠕虫病毒攻击，后来人们把它叫做莫里斯病毒。这个病毒几天内差不多感染了 6 万台计算机的 1/10，也就是 6000 台计算机。15 年之后，另外一

个病毒 Code Red 开始流行，它也是第一个现代互联网病毒。这个病毒
1 分钟内可以感染 2000 台主机，一共感染了全世界的 10 万台设备。
后来，又出现了一个病毒叫做 Stuxnet，这个蠕虫病毒是针对工业武器
生产控制设备编写的破坏性病毒，相应地，它的攻击性非常强，造成
了大规模的损害。7 年之后也就是 2017 年，在座的很多人都见证了一
个叫做 WannaCry 的蠕虫病毒，它导致了超过 150 个国家和地区的 20
万台计算机中毒，带来了不可恢复的损害，这也是有史以来影响力最
大的病毒之一。

　　互联网已经成为我们日常生活中不可缺少的一部分，而在它不断
发展的同时，互联网攻击也在不断增加。我们可以看到，病毒攻击形
式越来越多样化，危害也越来越严重，它不断地影响我们的经济，可
能带来每年几十亿美元的损失，全世界都饱受威胁。

　　现在整个世界越来越互联，越来越智能，但与此同时恶意软件也
在不断地升级。随着世界互联化程度的增强，恶意袭击就会不断增加。
此外，在我们当前所处的物联网发展初期，有一种新出现的物联网僵
尸网络病毒，它可以使设备被攻击后被黑客控制，帮助其发动大规模
攻击。这种病毒导致了许多恶意袭击，其中有一则报告说有 75 万封
邮件都是由这样一个僵尸物联网所发出的，被攻击设备中包括了智能
冰箱，这给我们带来了巨大的经济损失。而且一些安全设备或传感器
也可能被入侵而成为间谍，比如在一个攻击事件中有 7.3 万个安全摄
像头遭受了黑客袭击，为其提供实时录像，这对整个网络以及现实生
活都带来了非常深远的伤害。此外，另一种镜像攻击入侵了 160 个国家
和地区的 40 万台设备，这也是现今最大的电信设备袭击事件。研究表明，
智能网联汽车也可能会受到潜在的攻击，让攻击者能够远程控制车辆，
比如 Chrysler 之前已经由于发现了此类漏洞，召回了 100 多万辆车。

　　这只是一些简单的例子，是冰山一角。从这些例子中可以看出，我们必须要更加重视人工智能的安全性以及可能发生的攻击事件。历史告诉我们，这些攻击者也在不断追随新技术的发展脚步，甚至有时领先于我们技术的发展速度。在 AI 领域中，我们面临着更大的风险，因为现在越来越多的系统有 AI 的功能，所以也可能会受到更多的攻击。除此之外，AI 的能力越来越强，这也意味着 AI 一旦被攻击者滥用，后果会越来越严重。

　　因此，我们必须重视 AI 及其安全性，尤其是针对 AI 的攻击，关于 AI 的攻击我们主要考虑两个方面。第一个方面就是攻击者如何攻击 AI。攻击者可以采取多种方式去攻击，比如说可以让你的学习系统不能够产生正确或者是需要的结果，或者会让你的学习系统产生它所想要的设计好的结果，除此之外还可能会通过 AI 获取一些敏感信息。为了解决这些问题，我们必须要设计并构建一个更好、更安全的学习系统。还有一个需要我们去考虑的方面，即我们的攻击者可能会利用 AI 去攻击其他的系统，比如说找到其他系统的漏洞，或者去选择一些更好的攻击对象，或者去策划一些攻击。为了避免 AI 的滥用，不只是我们的学习系统，也需要让所有的系统更加安全。

　　今天我主要是关注第一个部分，就是怎样去攻击 AI 以及我们怎样去解决这个问题，后面会跟大家进行分享。

　　AI 在很多领域都已经取得了巨大的进步，但深度学习系统还是很容易被欺骗的。我在这里举一些例子。下面两张图中左边一栏是我们的原始图像，通过我们的深度学习图像分类系统进行了正确分类，中间一栏是我们为了进行攻击而生成的干扰像素，我们放大了这些像素，因为如果不放大的话，人的眼睛是看不出来的。我们的攻击者特意进行了这些修改去欺骗深度学习系统。右边一栏是我们生成的对抗样本，对于人眼来说，原始图像和加上干扰的图像看起来是完全一样的，根本看不出其中的差别，但是右边这一栏就会被深度学习图片分类系统错误地分类。

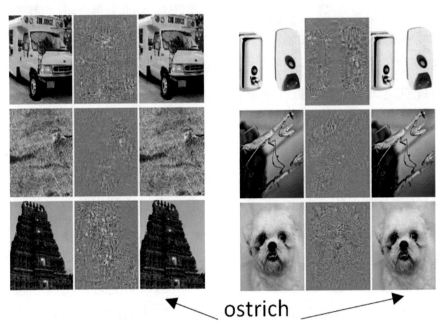

ostrich

图片来源：Szegedy, C., Zaremba, W., Sutskever, I., Bruna, J., Erhan, D., Goodfellow, I., & Fergus, R. Intriguing properties of neural networks. ICLR 2014

　　为什么我们要关注这些例子呢？我们再来看一些现实世界中的例子。现在很多人都在谈论自动驾驶汽车，自动驾驶汽车在路上行驶的过程中需要去识别路边的交通标识才能够决定如何行驶，下图是一些路牌，我们人类肯定能够识别得很好，如果给图片做一个小小的修改，人类依旧能识别，但人工智能识别出来的结果就会完全不一样，这是我们的一些对抗性样例。虽然这些小改变不会影响人眼识别这些路牌，但是深度学习图像分类系统可能就会犯一些错误，进行一些错误的分类，攻击者正是利用了这一点。这些都是我们拍的路标，我们自行加上了一些噪点，正如我们所见，这个修改对于自动驾驶汽车的识别可能造成非常严重的影响，因为可能会把停止的路标识别成限速 60 英里/小时或者是限速 75 英里/小时的路标。最新的一些研究也表明，这

Misclassified as
Speed Limit 60 mile/h

Misclassified as
Speed Limit 75 mile/h

些对抗样例从不同的角度或者距离拍摄依旧能保持对抗性，这里有三个现实世界的例子，它们对于我们现实世界的自动驾驶汽车可能产生不利的影响。我们最新研究成果表明，这些对抗样例显示出了图像分类系统的局限性，而且它们在不同领域都会出现，很大地影响了我们的深度学习系统。比如，我们最新的一个有关生成模型和对抗案例的研究显示，即使攻击者对于我们的深度学习模型或者系统的细节信息（比如参数）一无所知，他们依然能够对其进行有效的攻击。生成模型是深度学习模型的一种，它有两个部分：一个编码器，把一个高维输入转换成一个低维的表达方式；一个解码器，可以把低维信息恢复到高维的原样输出。这样一个生成模型对于某些应用是非常有用的，比如图像压缩。最近的一些研究表明，这种利用深度学习的图像压缩达到了目前最先进的处理结果，那我们看一下对于生成模型压缩方法进行攻击的结果。比如，现在很多地方有监控摄像头，它们会记录图像并且进行压缩，如果执法人员需要调取记录，他们会把图像解压缩，然后调查一下犯罪现场的情况，这一调取信息的过程必须要经过解压缩。然而，攻击者可以通过对原始图像添加一些小的扰动来生成相应的对抗样例，从而得到他们想要的结果，这些修改过的图像进行压缩之后，变成压缩图像，然后我们的执法机构解压缩这些图像，最后得到的图像可能跟我们原始犯罪现场的图像是完全不同的。这里我给大家举些例子，大家可以看一下生成模型是多么脆弱，可能遭受什么样的潜在攻击。下图就是我们的 GAN 模型，我们用这个模型在一个手写数据库 MNIST 上进行图像识别，以及对于原始图像的重建。我们的攻击者在图上加入微小干扰后就可以误导这个模型，使其重建出右边所示的图像，这就是我们的对抗样例，虽然原始图像和对抗案例非常相似，但进行了篡改之后的图片在编码和解码之后，看到的结果跟我们设置的目标图像是非常接近的。我们在人脸数据库上也有类似的例子，我们对原始图像进行了微小的改动，在进行编码和解码之后，我们的对抗案例就可以得到与目标非常接近的结果。这些都是对于生成模型的对抗攻击样例。

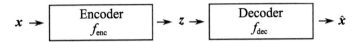

下面我们介绍深度学习的另外一个例子——强化学习，像 AlphaGo 就运用了深度强化学习的方法。当前这个方法非常流行，并取得了很大的成功，特别是对于训练自动智能设备完成各种机器任务是非常有效的，比如让经过训练的机器进行游戏，这个游戏也是我们在进行深度强化学习实验中非常典型的一个游戏。可以看到经过训练之后机器人玩得非常好，得分也很高。我们训练了一个神经网络模型去观看这个视频，然后让它们决定下一个步骤应该做什么，比如上下移动。虽然我们可以看到过去深度强化学习的方法一直是非常成功的，结果也是非常好的，但是很不幸，虽然强化学习表现优异，比如说 AlphaGo，或者训练机器人去玩视频游戏都做得很好，但是我们发现对抗性攻击对这种方法也是有效的。比如一个模型经过一段时间的训练之后效果非常好，可以达到最高分 20 分，这个时候我们开始在输入中加入一些对抗性的干扰，之后训练的模型表现变得很差，然后就输掉了游戏，甚至是达到了最低分。下面有几张图片是来展示我们加入的非常小的对抗性扰动，这些扰动都是我们人眼没有办法识别的。我

Target Image

Original images   Reconstruction of original images

Adversarial examples   Reconstruction of adversarial examples

Jernej Kos, Ian Fischer, Dawn Song: Adversarial Examples for Generative Models

Target Image

Original images   Reconstruction of original images

Adversarial examples   Reconstruction of adversarial examples

Jernej Kos, Ian Fischer, Dawn Song: Adversarial Examples for Generative Models

们的研究发现，攻击可以更加智能，可以利用价值函数作为依据，决定什么时候去加入这些人工的扰动，这样只需要在视频很少的帧中插入我们对抗性的扰动，就可以达到预期结果。我们插入了扰动之后的视频效果，对于人眼来说基本上看不出什么区别，但是之前表现非常好的、能够达到 20 分的玩家，在我们加入了这些扰动进行攻击之后，就完全输掉了游戏。其实我们做的只是根据价值函数决定什么时候进行插入和加入多少扰动，并且这些干扰都非常微小。

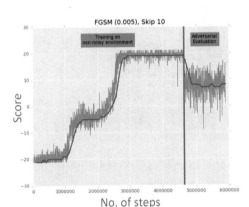

Blindly injecting adversarial perturbations
every 10 frames

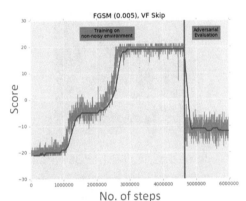

Injecting adversarial perturbations
guided by the value function

这些例子告诉我们，在深度学习系统里有很多对抗性的例子，而且可能会影响到方方面面，比如生成模型，还有深度强化学习系统等，除此之外，甚至对于黑盒系统都可能会有效，即使攻击者对于我们的学习模型一无所知，也可能会进行有效的攻击，这个研究领域是非常非常重要的，因为攻击导致的后果非常严重。但我们也有一系列的对抗措施，比如我们可以对于输入进行内部预处理，通过中位模糊输入等方法，或者利用已知的对抗案例重新训练神经网络，或者检测这些对抗样例可能带来的不同影响。其实，现如今已经有很多的对抗样例生成方法被提出来，同时有超过 60 篇有关预防对抗样例的论文发表并且叙述了不同的防御措施。我们也进行了一些相关研究，不幸的是，这些对抗方法绝大多数其实是无效的，一个非常强力的攻击者，可以很轻松地攻破现有的这些防护。单个防御方法比较脆弱，虽然我们想把这些比较弱的防御叠加起来形成一个强有力的保护，但是我们的工作还表明，这样的操作现在并不能达到目的。

到目前为止，我们讨论的攻击对象只是深度学习系统的一个步骤，也就是推断步骤，我们称之为逃避攻击。除此之外，我们发现攻击者可以在不同阶段欺骗深度学习系统，比如说在训练阶段也可以对学习系统造成影响，像聊天机器人在遭受了训练阶段的数据诱饵攻击之后将会有错乱的表现。总而言之，这些都是我们对于对抗性机器学习的研究内容，对抗性机器学习对于安全性非常关键，我个人坚信安全性是将来我们部署使用 AI 中最大、最重要的一个挑战，如果我们考虑学习系统的安全性，则要考虑三个层面：软件层面、学习层面、分布层面。

首先看一下学习系统在软件层面上的安全挑战，这里我们的目标是希望系统能够保证没有缓存溢出或者是获取控制访问的问题。如果我们的学习系统有这些软件层面的不稳定性，正如之前的一些软件攻击案例，攻击者就可能会攻击这些软件的弱点或者漏洞，从而控制这一学习系统。那我们能做什么呢？好消息就是在这样一个领域我们已经有几十年的经验，还有一些新的技术处理，能够帮助我们去解决这个问题，我们有很多的验证技术能够应用在这个领域。作为安全方面的研究人员，在过去 20 年我们已经开发出多种方法或者技术，比如可以进行蠕虫病毒的自动探测，可以自行生成签名或打补丁来保护软件不受蠕虫攻击，或者自动进行恶意软件的探测和分析，除此之外还有一些技术能够自动地找出软件漏洞。

这里进行一下总结，目前一些主流防御措施都是基于结构或者代码层面的，我们可以从结构上或原理上不断地开发一些新的安全措施，以保护我们不受到蠕虫病毒和恶意软件的袭击，并且能够确保可以满足当前这些软件对于安全的需求，我们也可以证明这些软件在应用上是比较安全的。我们跟 Google 进行了合作，以确保一些受人关注的应用的安全。好消息是，对于软件层面安全性的挑战，我们已经有多年的技术经验，可以不断地利用这些技术解决遇到的问题，AI 系统的问题事实上跟我们其他软件遇到的安全问题是相似的，但是在上层层面，特别是在学习层面，我们有许多开放性的问题，在这些问题上我们的经验非常少。

下面来看看在学习层面上有哪些安全上的挑战，我给大家举些例子说明一下，在开发新型技术的时候，我们想考虑分析复杂的逻辑代码，现在大家比较关注的是所谓的标志性项目，这些标志性的项目包括文件系统、网络应用以及移动应用。对于这些项目，我们有几十年的技术和各种开发工具等去分析这些软件背后的逻辑，以及软件操作背后的原因。现在，我们已经进入一个正式认证系统的时代，许多的微型系统包括 OS（操作系统）、文件系统，以及一些安全协议都是受到认证的。非常感谢这些开发了几十年的非常强大的验证工具，以及若干研究这个课题多年的团队。尽管我们还有很长的路要走，但在这样一个时代，我们至少已经有了一些工具，也有几十年聚集在关于语义以及逻辑研究上的技术和经验。不幸的是，对于学习系统的学习层面而言，称之为非标志性的项目，我们的经验非常不足，这里面有许多开放式的问题，比如对于学习系统我们并不知道如何来详细地定义具体的目标和特征。假设你想要确保一个自动驾驶的汽车不会真正地撞到行人，怎样去具体定义行人是什么？我们之前并没有定义如何辨认行人。到目前为止，我们没有完全理解地认知到学习系统是如何运行的，我们知道神经网络有效，但没有办法去了解具体是怎么运作的。此外还有许多传统的、过去符号学习的经验在这个层面上是不适用的，这一具有很多开放性问题的方向将是整个学术界为之奋斗的研究领域。

还有一个挑战就是，我们想要设计更好的架构和方法来完成抽象化和安全保护，以进一步保护我们的安全，它的挑战就在于需要设计新的方式方法。最近我的团队已经开始在做这一方面的研究。举个例子，在神经代码合成这一块，我们就会问这样一个问题，可不可以教会计算机让它进行编程呢？理想情况下，我们告诉计算机我们想要什么，希望它做什么，学习系统就能够自动地进行合成，去编程来完成我们的目标，这些应用包括代码组织、代码优化等。有这样一句话，软件正在吃掉这个世界，而程序合成可以让这一目标变得更加自动化，代码合成也能够让我们的想法更加自由地得到实现。很多人都有很多很好的想法，但他们无法用代码实现，现在有了这样一个程序合成系统，就意味着即使你不会编程，这些好的想法都可以通过指导计算机来帮你去实现。由于时间限制，今天没有办法跟大家很详细地介绍我们做的这些具体工作，但是我想要告诉大家的就是我们如何开发一些新的方法，来进一步确保我们能够做到代码的合成。比如，给你两个数字算总和，这就是你的输入和输出。如果你想要让计算机帮你执行这样一个任务，那么就可以通过训练神经网络来帮你完成这样的工作。比如，做一个新输入测试，给你两个数字，50 和 70，通过这样一个程序就可以自动算出它们的总和 120。

这是一个非常重要的学习领域，现在已经有了长足的发展，比如 DeepMind 的可微分神经计算机。但是我们还是面临着两个巨大的挑战，其中一个挑战就是进行抽象化，比如一个对于 30 位数工作良好的神经网络无法针对 50 位数运作。当然，我们希望这个新的项目能够得到抽象化，能够应用在更多的场合下，这就意味着我们可以让计算机执行我们的命令，不仅能完成 30 位数的运算，也能够做任意位数的运算，这是第一个挑战。

第二个挑战就是即使你有这样一些经验，它可以帮你执行这样的命令，做得还不错，但事实上没有办法证明它能否适应新的模式，比如，对于过去的这样一些项目，即使 30 位数以内加法做得还不错，也无法证明 31 位能有好的结果，因为我们没有针对抽象化的证明方法。这就是我们遇到的第二个挑战。

怎样解决这两个挑战呢？最近的一些研究中，我们在神经网络中应用递归思想，用递归来完成神经编程架构，这样一个方法能解决之前提到的两个挑战。我们根据这个方法发表的论文在 ICLR 也就是相关领域的顶级会议中获得了最佳论文奖。递归事实上是计算机科学和数学上的基本概念，为了解决一个完整问题，将它逐个分解为类似的小问题，而这些小问题是易于解决的，这就是递归原则。而神经编程合成自然而然能被递归方法完成，这是我们第一次将递归与神经网络结合起来。通过这样一个方式，我们发现使用递归的方法来解决问题比传统的方法要更加高效，对同样的训练集，递归方式相比于非递归方式能生成更好的结果。同时，对于递归方式我们可以证明其抽象性。我们也通过验证集提供了证明，递归神经网络能够进行完美的抽象化程序合成，在这项工作中，我们展示了神经编程架构的递归的重要性，比如递归或者模块设计的部分都能影响到神经编程的生成结果和安全性。我们也在不停地探索如何将这些经验应用于加强和提升其他领域的工作。

除了前面所说的在软件和学习层面上所遇到的一些挑战之外，我们还需要看看学习系统在分配层面所遇到的挑战，这个层面的问题主要是，如何保证对于当前小问题做出的决定是能达到全局最优的。

这个可以说是第一个关于 AI 和安全性的课题：攻击者如何攻击AI？另一个可以考虑的方向是，攻击者会如何滥用 AI，以及利用 AI

去攻击其他系统？最近的工作证明，我们可以通过深度学习来加强 AI 在安全方面代码层面的检测。攻击者也可以利用以前的方法发动一些有效的钓鱼攻击。当然，我们所做的一些工作也表明，随着 AI 的进步，AI 的攻击方式也变得多种多样。举个例子，有许多消费级别的 BCI（Brain Computer Interface）的可穿戴的设备，通过穿戴这样一个设备可以去解读用户的脑电波信号，这种设备是比较便宜的。现在也有很多第三方应用部署在这样的设备上，就像智能手机上的 APP，通过这样的一些设备可以让人们提升学习思考效率或者是享受更多的娱乐活动。但是，对于这些攻击者来说可以做什么呢？如果遇到恶意的游戏应用会发生什么？比如个人隐私泄露。我们最近做了一些研究，通过研究展示，攻击者可以通过可穿戴设备对用户进行恶意攻击，可穿戴设备可以通过读取用户脑电波反应来偷取用户信息。这里举个例子，看看我们所做的一些工作，攻击者能获取的信息包括用户认识谁，住在哪儿，以及银行账户信息。更重要的是，这是一把双刃剑，在面向市场的可穿戴设备变得越来越强大和 AI 技术也变得越来越强大的情况下，攻击者也会利用这些新的发展变得更强大。

我的要点就是，能力越大责任越大，对于整个社会而言，我们需要在 AI 发展之初就去思考 AI 与安全的问题。给大家再举一个例子，这个例子来自于医疗设备安全。几年前，我们发布了第一个关于医疗设备安全的分析报告，表明了这些医疗设备也有可以被攻击者攻击的漏洞，可能导致现实中的攻击。在那个时候，FDA（美国食品药品监督管理局）的目的就是确保安全，特别是药品以及医疗设备的安全，而在这样一个安全指南当中并没有讨论到关于软件安全的问题。在我们的研究和其他相应的研究发布之后，FDA 意识到必须要考虑医疗设备的软件安全，在去年最新的版本当中已经提到了这一问题。

AI 的安全还处于起步阶段，目前对其还没有普遍考量和应对措施，但我必须强调，安全性是 AI 设计的最大挑战，对我们来说必须从早期开始考虑安全问题。只有安全才能保证未来 AI 的健康发展，没有安全保证就无法发展 AI。同时，AI 的安全性是一个跨学科的学术界任务，它不仅仅有关技术，也涉及法律、政策的问题，非常需要各界一起探讨。关于 AI 的未来以及安全，我们有许多开放式的挑战，有许多新的问题，比如，我们如何进一步地了解其对于学习系统意味着什么？怎么探测学习系统有没有受到欺骗或者被控制？如何打造一个更加安全的系统？如何避免 AI 滥用的问题？怎样在政策上支持确保 AI 的安全呢？我想再一次强调，安全将会是人工智能遇到的最大的挑战，需要学术界一起为之努力，让我们共同携手应对这个挑战，谢谢！

Dawn Song

理解未来第 29 期

2017 年 7 月 8 日

科学·对话

|对话主持人|

吴剑林　毕马威中国科技及信息业主管合伙人

|对话嘉宾|

陈海波　上海交通大学教授

李　凯　普林斯顿大学 Paul & Marcia Wythes 讲席教授、美国国家工
　　　　程院院士、中国工程院外籍院士、未来科学大奖科学委员会
　　　　委员

Dawn Song　加州大学伯克利分校计算机系教授

王　翌　流利说创始人、首席执行官

张　峥　上海纽约大学计算机科学教授

吴剑林：下午好，非常高兴今天跟未来论坛一起合作，在这里举办人工智能主题研讨会。大家都知道，毕马威是一个全球性的专业服务机构，这两年来我们在中国针对创新创业领域也做了非常多的事情。2015 年在中关村设立了毕马威创新创业共享中心，构建了包括创业企业、投资机构、领军企业、孵化器、政府机构等在内的创新创业生态平台，通过线上+线下的方式协助推动中国科技创业企业更好地、健康地发展，比如帮助创业企业优化商业模式、对接投资机构；同时，毕马威也作为连接者和服务者，促进创新企业与产业合作伙伴的对接，促进共赢合作。

此外，今天我们也希望借这个场合来宣布毕马威正式启动中国领先汽车科技 50 企业榜单项目，并开始接受企业报名。汽车科技创新领域一直是毕马威持续关注的重要领域之一，我们观察到，新的技术模式和商业模式在汽车行业不断得到突破和落地，尤其是自动驾驶、出行等领域。不仅汽车行业的领军企业，科技行业也都非常关注汽车科技发展，因此毕马威希望发挥连接作用和分享专业经验，通过榜单的方式让业界了解到创业企业里面有哪些领先的技术和模式，可以帮助大家在产业里得到应用，比如说人工智能在汽车产业的应用。同时也希望通过汽车科技榜单来鼓励和支持创业企业，加速创新公司发展。期待大家报名参加，详情大家在会议结束之后可以向我的同事了解。

现在我们开始对话环节，有请各位专家上座，针对人工智能的应用、未来发展的主题跟我们进行探讨和分享。非常感谢各位专家，请各位专家用 1 分钟时间简单介绍一下自己以及现在主要从事的一些科学研究的领域，还有创业者在做的事情。

李　凯：我的名字叫李凯，现在在普林斯顿大学做教授，在那里已经过了 30 年，以前我的科研领域主要是计算机系统，包括并行及分布系统，后来就对数据产生了兴趣，做了一些有关数据分析的工作，对机器学习也感兴趣，特别是建造知识库，最近我对脑神经科学产生了兴趣，跟脑神经科学的同事一起合作了 6 年。

吴剑林：Dawn Song 讲一下你现在主要研究的方向以及将来的一些方向。

Dawn Song：我今天讲了 AI 和安全方面的问题，就是我现在做研究的一个主方向，其他方向也有很多，在人工智能领域有自动程序生成，然后也做一些学习过程中的隐私保护，由于时间限制，今天没有谈到，还做一些区块链和其他方面的研究工作。

陈海波：大家好，我目前在上海交通大学做老师，之前在复旦大学工作过一段时间，主要从事计算机系统方面的研究，之前一直在做操作系统以及虚拟机之类的，最近也在华为学术休假，现在负责华为操作系统的实验室，进行操作系统方面的研究和开发，我的另外一些研究兴趣包括如何构建一个大规模的计算平台，把大量的数据管理起来，从里面快速获取有用的信息，谢谢。

张　峥：大家好，欢迎大家来到我的家乡，我是上海人，毕业于复旦大学，后来在美国读的博士，之后在惠普工作了一段时间，去了北京北漂了一段时间，在微软亚洲研究院。3 年前回到家乡做老师，之前主要的工作领域跟李凯老师非常接近，这几年对智能感兴趣，后来就去做人工智能。

王　翌：大家好，我叫王翌，是流利说的创始人兼 CEO，我们的产品"英语流利说"APP 是在手机端帮助大家高效地、个性化地学好英语的这么一个 APP，不知道在座各位同学有多少人听说过或者使用过"英语流利说"，今天我跟台上各位嘉宾都有关系，我的博士是在普林斯顿大学念的，我们现在和李凯老师一起探索认知神经科学怎么更高效地帮助我们学习这件事情，我在 Google 工作两年做产品经理，然后伯克利也是我经常去的地方，和上海交通大学的缘分来自我的创业伙伴胡哲人。他是交大的 ACM 班的优秀毕业生，也是从硅谷回国一起创业的海归。跟张教授的渊源在于，我在出国之前在微软亚洲研究院做过 9 个月的实习工作，那是我第一次接触到世界一流的研究机构，然后开了眼界。我猜测在座有很多是学生，所以我觉得这是一个非常好的机会，跟台上很多的牛人、大师一起交流，谢谢。

吴剑林：刚刚听完 Song 教授的演讲之后，我不知道大家心中有没有恐惧感，AI 将来会不会取代人类，可能是大家不断在争论的议题。从技术趋势来说，我们看到 AI 是一个势不可挡的趋势，大家会对 AI 的发展有很多期望，同时对 AI 技术带来的不确定性也会产生许多恐惧；但是站在商业的角度，AI 则属于底层技术，行业参与者都在拥抱和尝试应用 AI 技术产生更多价值。那么到底它会怎样应用在哪些商业领域呢？我想请各位嘉宾分享一下。从王翌开始吧，你本身是一个创业者，正在实现 AI 商业应用的过程中，你的看法是什么样的？

王　翌："流利说"创立于 2012 年 9 月，第一版 APP 2013 年 2 月上线苹果 APP Store，2012、2013 年那个时候首先没有所谓的"互联网+"的概念。"互联网+教育"的概念是 2014、2015 年被提出来的。2016 年大家说 AI 火了，AlphaGo 起了很大的作用，"流利说"之所以会做一个构建 AI 老师这么一个概念，是希望用尖端技术和产品去取代一部分甚至大部分需要真人老师去做的工作，这是我们当时设立的目标，但我们从收集数据、积累用户开始来工作。我认为 AI 作为第四次工业革命的核心的发动机（Driver），它没有什么行业不会涉及，人类的科技社会其实只有五六百年历史，每次工业革命间隔会越来越短，人类历史是一辆不断加速的列车。今天在座的人来自各行各业，今天中午还看到了一个英国的英语文学教授，他说他也很好奇 AI 可以给他们那个学科带来什么。所以我认为在不同的出发点会看到 AI 能够给自己的领域带来什么，如果用一个词来归纳，我认为是"效率提升"。今天讲消费升级，品质和效率是两个关键词，品质很多是个性化的服务，今天"流利说"是个性化学习，从语言学习开始，为什么要讲效率？大家知道时间越来越宝贵，现在很多人愿意花更贵的价钱坐高铁，就是为了从北京到上海能快一点儿；比如今天你的时间很宝贵，所以要花钱请人把买好的咖啡送过来。现在其实不光是语言学习，很多地方我们都浪费了很多钱、很多时间。我们认为这里面就有很大的空间，所以我觉得 AI 不是什么特别神秘的东西，它是一种生产力，能够真正地推动很多行业从一个比较低效的状态到达一个比较高效的状态。效率提升本身从商业角度来讲就是价值创造，那么我们之所以做教育，很重要的一点是它巨大的商业价值背后带来的巨大的社会价值。它可以真的让教育更加公平，让教育覆盖很多只靠人很难触及的角落。

吴剑林：张教授，你感觉 AI 在什么领域应用会最快呢？

张　峥：我觉得现在应用领域最宽的就是饭桌上，我在上海跟其他朋友聊天的时候说，上海的士司机都跟我讨论深度学习和人工智能，这里面概念确实炒作得很热，从我自己的角度来看，其实大家看到 AlphaGo 玩围棋，我们什么时候让 AI 来做？在某些领域是可能的，但是绝大部分的场景我觉得还比较遥远，对什么地方会发挥比较大的作用呢？所有的到最后都是这样的，开始在人和机器界面这里，会发挥比较大的作用，比如数据库之类的，因为所有的服务接触面很大，这里面会应用得最多，我觉得是这样子。

陈海波：两位已经讲了很多，可能大家更多的感受就体现在我们的手机上面，我们手机上面包括各种推荐，以及各种游戏，其实游戏的设计已经非常多地采用了机器学习的方法，怎样去研究这样一些行为？我们很多的日常行为其实是受到这样一些非常有针对性的个性化学习后的各种 AI 的系统的指引。我认为这是一件非常伟大的事情，当然这也是一件非常恐怖的事情，因为我们每天的行为和意识可能不再是自主的，而是受到机器学习模型指引的，这是我的一个感受。就说发挥作用方面，其实各方面确实是能够看到的，生活中，从卧室到客厅再到餐桌，确实是无处不在，从这样一个发展来看，我觉得 AI 一个方面就很容易让大家有非常大的想象空间，导致很多时候大家都在谈论这件事情，但确实还有非常多的在理论和从实践上需要克服的问题，包括今天 Dawn Song 也介绍了很多，这是未来我们可以克服的方面。

Dawn Song：看一个领域的发展是很有意思的。可以举一个例子。我以前是学物理的，本科是在清华大学学物理，后来到美国之后转成学计算机，读了计算机的博士。在过去的一些年当中，我们看到一个现象：一开始计算机都只是计算机系的人在学，你现在看，比如在伯克利，计算机已经变成一个基础教育，所有其他学科包括人文的、生物的、化学的学生都要先学计算机。任何学科在今天没有计算机的辅助是不能做好的。各个方面、各个部门现在都是非常需要计算机的。

我认为下一步是 AI 在不同领域中的扩展，不同领域都要用 AI 去更好地发展。所以今天你来看，即使是在计算机系，大家也都在学习 AI。这也是一个未来社会和科学发展的必然趋势。

所以说 AI 的发展必然是一个非常大的趋势，而且不光是对计算机领域，对其他的领域都会带来巨大的改革性的变化。我们要考虑 AI 和安全的问题，因为确确实实就像今天讲的，从历史上看来，大家经常只注重技术发展而不去考虑安全的问题，但历史的经验教训已经告诉我们安全是一个必须重视的问题。有的时候我也觉得我们不愿意总是给人家讲恐怖的故事，这不是我们的目的，我们需要重视这个事情。我们重视这个事情才可以让我们更早地开始在这个方向做研究和学习。AI 不光是一个技术性的问题，它是一个全社会的问题，牵涉到各个方面。比如说自动驾驶，什么时候可以上路，如果出了问题是谁的责任，很多问题都没有解决。所以不是给大家讲恐怖的事情，而是为了 AI 更好地发展，全社会更好地发展，我们必须重视 AI 和安全的问题，而且我们要把这些问题解决好才能够让 AI 更好地发展，更好地为社会、为人类做贡献。

李　凯：说得非常好，我完全同意，想接着 Dawn 刚才讲的几点再补充一下。普林斯顿跟伯克利一样，基本上所有的本科生和很多研究生都学计算机科学，在计算机科学里面我们经常讲，"Computational Thinking" 也就是用计算的方法想问题，你考虑问题的时候怎样用计算的方法看整个世界、看你的学科等，这是现在教育非常重要的趋势。关于计算机科学，普林斯顿大学是有比较悠久历史的学校，可能不是所有的人都知道。有些人可能听说过图灵奖，图灵是在普林斯顿大学读的博士，1938 年完成的博士论文。他不仅开创了计算机科学，还在 1950 年写了第一篇关于 AI 的文章。我们现在讲的图灵测试，就是在第一篇 AI 的文章中写的。他当时就在这篇文章中预计大概 50 年以后计算机能够通过图灵测试，但现在我们还没有能够通过。

要说的意思就是 AI 历史非常长，从 1950 年图灵的文章到现在，60 多年后，大家才感觉到 AI 非常火，有一些人觉得好像人类的末日到了，人类可能被机器人代替了，但是这个事情不是像媒体说得那么可怕，真正要做这些事情路程是非常长的，就像 Dawn Song 今天做的精彩演说，应该认真考虑安全问题，要真正解决这些安全问题，才能够真正推出 AI 做出的产品，这条路还是很长的，还有很多问题需要解决。比如说要做出机器人，就要考虑机器人是否遵守法律，是一个坏人还是一个好人。除了安全及隐私以外，还有一些别的问题，跟人文科学及其他科学有很多交叉的领域需要研究，最后才能做出可用的机器人。

现在大家觉得 AI 很热，今天 Dawn Song 举了几个例子，包括 AlphaGo 可以战胜世界围棋冠军。但是怎样用 AI 帮助我们解决生活中的问题？有很多问题需要一步一步解决，不是你一说，事情马上就会发生，在学术领域或技术领域里面事情是要一步一步做的。现在举个例子，就是知识库。现在大家谈得比较多的是新算法，新的深度学习算法，但是大家不提知识库的重要性。在每个领域里要解决问题，必须有一个比较大的知识库。为什么呢？ 可以这样想，如果一个小孩开始学习，他需要有父母来教，需要上学，如果没有父母教，不上学，也不读书，小孩不知道会变成什么样。为了让小孩成才，要知道怎样做父母，怎样建立学校，怎样写教科书。这些事情在做 AI 的时候都需要做，不光是学习的方法。

总结起来就是两点：一点是完全同意 Dawn Song 教授讲的，安全非常重要，AI 已经进入了我们的社会；另外一点，AI 要想发展，需要一步一步地走，这个路还很长，不是马上就会发生的。

吴剑林：感谢各位专家发表对未来 AI 发展的看法。第二个问题，跟各位的切身体会关系很紧密，我相信今天在座有很多创业者，也认为 AI 是一个非常重要的趋势，正在考虑在 AI 方面深造或者创业。因为在场的专家都在人工智能方面有很长时间的研究经历，那么请专家们向在座各位分享一下，在这个过程中最令你们感到震撼的一件事情是什么？又有什么事情让你感到最失望呢？

李　凯：比较震撼的，当时 Google 做出 AlphaGo 的时候我觉得还是比较震撼的，因为它能够赢世界冠军。我跟李飞飞教授当时一起做 ImgeNet 的时候，我们希望能够对人工智能中的机器学习领域有帮助，但是我觉得李飞飞老师做了很多其他的工作，能够帮助深度学习等，在这个领域里面有了一个革命，这还是比较震撼的。

不能算失望，我觉得 AI 有一点过热了，在这方面我可能比较保守，认为过热后大家的期望会过高，期望太高后，大家会认为实际并不像现在想象得那么好，投资者和全世界媒体都会非常失望。这样的事情在 AI 已经发生过几次了。

Dawn Song：先讲比较震撼的。第一，AlphaGo 给的震撼确实是比较大的。第二，我觉得像我们做人工智能深度学习的，知道在很多场合下，基本上你把数据给它，其实就可以学得很好，但是每一次我们做出成果的时候，还是觉得比较震撼。但是从另外一方面来讲，就像我前面讲的一样，深度学习确实是很有意思的事情——很多问题你用其他的方法就是不能得到同样的效果，但是有的时候你确实会发现深度学习很笨，走了弯路也没有学到它应该学的东西。即使是像 AlphaGo，我前面举的例子，AlphaGo 是用大的数据训练出来的，它学到的东西和学的方法都是跟人很不一样的。

下面说比较失望的方面。我前面做过很多安全问题的研究，后来做了人工智能安全问题的研究。我做人工智能的一个很大的驱动力是我对智能的追求；智能是我们最高的一个目标吧。但是我看到现在深度学习学到的东西和学的方法离这个最终的目标还差得太远。虽然AI炒得很热，虽然我们有很多成功的例子，但是离真正实现这一最终的目标差得太多。真正的智能需要有很多种能力。我们学习很多问题并不是都用这种大数据的方法，而且我们学了一点可以很快地知道怎么解决新的问题；但是现在用深度学习就需要很多的数据，学了一个问题不知道怎么用学到的同样东西解决一个新的问题，就没有这种抽象能力。所以虽然我们现在用深度学习在很多方面有很好的效果，但失望的地方是我们离我们要解决的问题还是非常远。我跟很多做人工智能和深度学习最顶尖的人讨论，大家对这个问题都没有一个好主意，都不知道怎么做；我们现在还在摸黑，真的是对怎样解决这些问题一点想法都没有。

陈海波：总体来讲比较震撼的事情是人工智能在一个封闭的环境中可以做得如此之好，比较失望的一点是在一个开放动态的环境中如此脆弱，这是我总体的观点。

从震撼的这点来看，人工智能这样三次浪潮，背后是我们计算存储能力的提升带来的人工智能一波又一波的浪潮，让我觉得特别特别震撼的是，这一波浪潮如此之大，以至于它的触角及范围如此之广，确实是非常非常让人震撼的。

从失望的地方来看，我们看人工智能最开始提出来的时候是提供这样一个推理的能力，使得它的过程知其然也知其所以然，现在其实看到很多我们的学习系统，知其然不知其所以然，就是刚才Dawn Song讲的，学到的很多东西并不容易转移到其他的系统里面，我们确实在很多场景上的推广能力有欠缺，我们在封闭环境做得如此之好，但在开放动态环境有非常大的问题。

张　峥：我其实讲一点学术的东西，震撼我的不是一个结果，是它的过程，进展非常快。几年前假如你学网上的课程，说深度学习大概有这几个范式，其中有一个叫增强学习，就是人怎么学习，这个东西我们不用管，这几年全部在做增强学习，因为确实需要。增强学习又有两种：一个是不需要理解世界；还有就是模型，发展非常非常快。让我震撼的地方是一个过程，而不是一个结果，有这个过程你就会不停地震撼。

暂时没有什么失望，大家刚才讲的问题，学术圈都在慢慢地做，我们都在做，没有什么失望的，现在到处答疑，坐出租车也答疑，对小区保安也答疑，自我感觉非常良好。其实我担心的一个地方，就是将来的失望，我觉得AI是一定会跟人类共生的，但是我们完全没有做好准备跟它共生，我讲的是10年以后，因为10年对于人类进化史非常非常短，我觉得10年里面我们都不会准备好。大概就是这两点，谢谢。

王　翌：借助未来论坛这样的平台以及更多的窗口，要让像今天在座的这些教授们，成为家喻户晓、路人皆知的"网红"，我觉得这是一件非常好的事情。昨天晚上在黄浦江边有一位教授说他在中国发现路上的人都认识他，我说这非常好，说明我们的科普做得还很到位。

震撼的事情我讲什么呢，就讲两个真实的案例，是发生在"流利说"的。第一个例子是2016年1月份，苹果的二号人物、他们的全球资深副总裁Philip Schiller来到"流利说"参观，我让他试我们的口语打分软件。我挑了特别短的一句话，说："你试试看，给你口语打几分。"他念了一遍，83分，"Garden"这个单词是红的，表明发音不标准。我说你再试一遍，他又试了一遍——85分，那个单词还是红的。我说我试一下，我念了一遍全部都是绿的，92分。当时气氛非常尴尬，空气凝固了几秒钟，他很聪明，就拍大腿说："我知道为什么，我来自波士顿（有波士顿口音）！"他当时跟我讲，就是这么小的一个差别。我后来就继续微笑，我不知道他是不是给我一个台阶下。后来我去查真的有这么一个发音的现象，我问我们的科学家，这个东西怎么就能识别出来语音上这种非常小的问题。我觉得这个很有意思。

第二个例子，是我们当时创业的时候怎么"忽悠"早期员工加入我们。我说你看，终有一天人工智能的导师会比真人老师更牛，花同样的时间可以让你提高更多或者相同的提高花的时间更短。他们问我什么时候能实现，我说这个我希望 10 年之内能实现，但是我现在可以很认真地告诉大家用不了 10 年的时间。2016 年"流利说"发布了 AI 英语老师定制化课程"懂你英语"。在那年 7 月 6 号发布产品之前的两个月，我们做了测试，找了 400 个人，用两个月时间让他们在手机端跟 AI 学，学之前和学之后找了 ETS（美国教育考试服务中心）的托业桥考试做测试，看他们提升的水平。结果发现有 60% 的人两个月之内提升了至少一个欧标级别，他们做到这一点平均只花了 36.5 小时，而欧标建议的学习时间是 100 小时。当时我看到这个结果是有点惊讶的。今天是我第一次公布这个数据，我们在过去一年里面的几十万的付费用户中，平均在 3 个月之内学习超过 36 小时的用户里面有超过 90% 的人提升了一个级别。这样的数据是我之前没有想象到的，也让我们相信在别的学科也会有很多非常让人兴奋的结果，很快会出来。

跟张教授一样，我觉得作为创业者必须是一个积极乐观的人，你能看到未来的希望。我目前看到的转瞬即逝的一个机会，就是人工智能在带动着一波面向全人类的、全面的创新。而且人工智能的落地很多恰恰不在于算法，而在于数据，在于很多东西的数字化过程。什么时候能让数据的采集就像手环一样，让用户忘记它的存在，那么很多研究的迭代速度将达到不可想象的高速。当大家都在这方面创新的时候，机会就不得了了。

吴剑林：我不知道大家有没有同感，AI 目前还处在像真正的孩童从 3 岁到 13 岁成长的状态，这也说明给在座的同学或者创业者还留有许多可以大展作为的机会。

接下来，我想问一下各位专家。大家也知道，在很多创新领域，底层技术创新的源头或者走得比较快、比较系统的大多还是在国外，那么各位认为在 AI 领域中国是不是有机会可以走到世界前列？如果要做到，挑战会在什么地方？障碍会有什么？

李　凯：这是一个很大的问题，其实不光是 AI，这是在科研里面中国能不能走到前面的问题，如果中国科研走到前面，那我觉得 AI 也可以走到前面。这个问题涉及教育系统，科研是人来做的，是不是能够培养出一流的科学家是主要核心问题。

我的感觉是中国还有很长的路要走。为什么呢？因为我认为主要的环节有三部分：人才是一部分，怎样吸引、培养和保留人才；第二部分是环境和资源，是不是有一个好的科研环境，有没有资源来做科研；第三部分就是科研方向，你是被非专业的人主导来选科研方向，还是做你认为最重要的事。要想发明创造，必须有一种文化能够让你做你觉得最重要的事，不管有没有科研经费，不管政府怎么说，这样才能做出一些最主要的贡献。在现在中国的环境中，我认识的很多教授都有同感，多数的科研方向是被非科学家的人主导的。大多数人不敢做或者是没有足够的勇气来做这种自己认为最重要的事，而是花很多时间去找经费，去跟着钱的来源做一些事情。我觉得很多人才最有发明创造能力的时期是刚毕业后的一段时间，此期间如果能够得到支持，才能够最好地发挥出发明创造的能力。再往前说关于人才的第一个环节，我们现在用"千人计划"吸引人才，但"千人计划"是不是在各个领域里面都能吸引到最好的人才？有一些领域吸引到了，有一些领域吸引不到。之所以用"千人计划"，是因为我们觉得自己的教育系统还不行，所以去请别的教育系统训练出来的人才，教育还需要改革才能培养出新的人才。当中国不需要"千人计划"的时候，就证明中国有能力走到科研的最前面。

Dawn Song：中国在科研前端和 AI 前端是有巨大的潜力的。其实中国的学生是非常非常优秀的，今天的伯克利招了很多中国本科生去读博士，他们的数理化这些基本的根底打得非常好，英文也是讲得很好，中国学生的基本功底在全球来讲都是数一数二的。AI一部分需要算法，但其他更多需要的是大数据和大计算，中国在这些方面也是非常强的。这些都可以为中国达到科研前沿做很好的铺垫，但是中国现在还没有达到，有很重要的一点是人才方面。另外更重要的一点，好的人会挑最好的地方去；你要吸引最好的人才，就必须要把土壤培养起来。好的人才不光是脑子要聪明，确实需要环境，一块很适合做科研、做突破成果的土壤；高端人才会对这方面非常重视，会去找这种土壤。如果我们在中国能够建好这种土壤，就会吸引更多好的人才。现在好的人才还是会希望去美国的高校和欧洲的一些科研机构，是因为这些地方对他们来讲有比较好的土壤——给教授的政策是很好的，生活不用操心，可以有比较舒服的生活。教授工资高了之后就不需要想其他的事情，就可以专心地做事情。另外，美国很多高校都支持离职开公司的政策——你中间可以离职一段时间去开公司。这也非常吸引人才，而且确实会让你发挥你的最好的科技成果。另一点，科研合作和研究新的科研方向有很大的自由度，今天你觉得这个方向很好，但其他人还没有做，在美国你就可以做，你的自由度很大。做新科学方向的发展是很重要的一件事情。这些都是举例子。中国人力强、财力强，而且我们的市场又是巨大的，现在缺的就是一块很好的土壤，能够把不同的问题解决一下，这种好的土壤就会吸引人才回来。现在美国高校好的博士生毕业之后考虑去什么地方，基本上首选美国高校；到什么时候如果中国的高校是首选，那就证明中国有了最好的土壤。那时候很多问题自然而然就会解决，如果最好的人才首选中国高校，这些最好的老师就会吸引最好的学生。这样就不会像现在，本科生非常好，但好的本科生如果要读博士基本都外流，这对中国老师来说也是很困难的事情。如果哪一天全球各地高校的博士生毕业，首选中国的高校，那么好的学生也会被吸引过来，会自然而然地带动新的科学方向的发展，然后再带动企业的整个产业链，我是非常有信心的，我觉得中国有一天是可以走到这一步的。

　　陈海波：我想讲优势的话，就说我们其实有一个很切身的体会，去美国你会无比地怀念摩拜单车和支付宝，这就是我们非常大的优势，我们在这样一个应用模式的创新，在移动互联网方面，其实已经走在世界前头。微信这么大的社区、这么大的社群、这么大的工具，其实在全世界范围都没有。在应用模式和数据，以及人口基数方面来讲，我们确实有非常大的优势，可能还需要加强。包括深度学习的这些理论，包括机器学习的很多经典理论，其实还没有看到很多中国本土出来的这些东西，在接下来的发展过程中如果继续成长，在这样一个应用模式的领先驱动和数据的驱动上面，我们是不是能够做出更原创性的理论，做出更原创性的系统，我觉得这个对于整个中国的计算机也好，人工智能产业也好，会有一个非常大的推动作用。

　　作为本土的教授，我谈一下中国的教育体制，总体来讲还是在变好，包括创新创业之类的，我们在座的就有好几位在这方面做得非常好，包括我本人也是，政策越来越开放，给了这样一个机会，去企业带领一个实验室一段时间，这也是一个越来越开放的趋势。从学生来讲，从我这几年在复旦和交大的体会来看，10年前如果说给学生一个选择，肯定是去美国念 Ph.D.，现在我觉得很庆幸的事情是变成一半一半的情况，很多学生并不是觉得一定要出去读 Ph.D.才是最好的选择，这是一个非常好的变化。从学生培养角度来讲，我也做了这么多年，有一些感触，我们确实是在基础方面做得非常好，但是我们迫切需要在两门课上面有一个比较好的推动：第一方面我认为是逻辑课，在逻辑推理方面，包括日常的写作，哪怕介绍一个东西，这方面其实还是很不够的；还有一个很重要的方面是统计，就是统计课也是非常重要的，我们并没有很好地在这方面花很大的功夫。

比如 AI 很热，很多人认为 AI 解决了所有问题，但没有从统计上面分析；还有说教授特别有钱，那可能看到某几个教授特别有钱，就说教授都很有钱，这里面实际上你就要看统计规律，所以我认为这在我们整个教育方面是欠缺的。

张　峥：我想讲另外一个，就是不平衡，我觉得是长期的不平衡，落地的实践是需要一个比较健康的比例才可以发展的。深度学习在美国吸引大学的教授是非常非常强的，即便是这样，做前沿科研的老师还是不少，昨天在这边听讲座，就发现很多特别棒的老师，包括进了 Google 也好，进了 Facebook 也好，还是在做非常前沿的科研。中国不一样，全部创业去了，其实原创非常薄弱，这是一个问题，那么多资金都去引领创业，我觉得中国的科研体制的整个系统是有一些问题的，民间力量没有进来，民间的钱没有进来。进一步怎么来帮助科研人员放心地去做长远的科技，还是需要去做这件事情的，谢谢。

王　翌：我是今天发言者中唯一一个创业者，我就从一个不同的角度回到最开始的命题：中国在人工智能时代扮演一个什么国际角色？我觉得这个角色肯定很牛。第一方面是 AI 的人才。有机构统计表明，目前全球百分之四十几的 AI 论文都是中国人发表的，这就很牛了。从更加功利或短期角度看，让世界上最好的大学帮助我们培养人才，没有问题，只要他回头，回到国内做事，贡献他的智慧和技术。而且现在"流利说"也好，很多别的中国公司也好，在中国有办公室，在美国硅谷也有办公室。里面有中国人，有以色列人，有美国人，但最终的成果是一个中国公司做出来的，我觉得挺牛。中国现在在 AI 领域有吸引力和实力，人才上的竞争我整体看好中国。但是我更希望看到，中国的高校能有更好的造血机能培养出自己的大师，我非常期待这一天。

第二方面是资本。大家知道，今天的中国钱多，好的项目少。在场也有很多投资人，我也很高兴未来科学大奖就是由很多中国成功的企业家、具有科技背景的企业家，共同把大量的资本投入对未来和科学的支持。对于今天在座的创业者，我想分享的是：好项目是最重要的。今天我已经看到很多的资本在积极地推动包括 AI 在内很多事业的发展。我们公司有很多原来在瑞士苏黎世、（美国）硅谷从事 AI 的人才。我们最近也在硅谷开办公室，有了资本的支持，我们可以给这些人才选择，让他们在自己喜欢的地方工作，将成果交给我们。

第三方面就是市场，中国的市场大、水位低、应用多、数据多，这对技术商业是有很好的促进作用的。中国政府在很多方面表现出很高的智慧，比如李克强总理在 6 月一次国务院常务会议上说："几年前微信刚出现的时候，相关方面不赞成的声音也很大，但我们还是顶住了这种声音，决定先'看一看'再规范。如果仍沿用老办法去管制，就可能没有今天的微信了！"大家知道，全世界都在用微信，中国市场以及发展的方式在全球找不到第二家，这个本身就给了 AI 领域非常好的土壤。

还有一点是我们现在整个国家，或者我们这群人的思维方式。今天我越来越多地感觉到中国作为一个国家，希望我们这一代人做出一些有国际影响力的事情。我们很多的企业家、投资人的事业绝对不限于中国。我觉得这些本身是可以吸引很多学术界的人、投资人，甚至很多有才华的人加入到这项事业里来。我看中国的公司，比如互联网公司经历三代，第一代在中国很牛，在国外默默无闻，第二代在中国竞争太激烈，去国外赚钱，但是我觉得接下去 5 年到 10 年会有第三代公司，这些公司很多都会是 AI 驱动，它们首先在中国很牛，然后很快到国外也很牛，我觉得会有很多这样的公司诞生出来。

最后有一点，我认为在所有这些里面最缺的，就是在某一个领域踏踏实实做事、把一件事情做到极致的人，可以是一个研究者，也可以是一个投资人。我也很高兴看到中国现在很多投资人说他只投科技驱动项目，我觉得这很好。还有一点就是一些有理想然后能够把这些资源聚在一起的创业者也非常稀缺，我认为今天的大环境非常好，我们需要有一点定力，在所谓的泡沫热浪当中保持几分冷静，专注做一件事情，做几年，未来会很美好。

吴剑林：今天在结束整个论坛之前，让各位科学家跟创业者用一句话表达对人工智能发展的愿景，5 年之后你们回到未来论坛，最希望看到人工智能解决的一个难题是什么？

李　凯：我希望人工智能能够帮助人们活得更长。

Dawn Song：今天还是人来写程序，这会有很多问题，会出错，而且有很多人有想法但不能写代码，我希望真正有一天让计算机来写代码。在一些具体的领域中，我觉得 5 年之内我们可以看到这个希望的实现，在更广的方面的实现要在 5 年之后。这个希望的实现是让大家可以做更多的事情，而不是让人失业。

陈海波：我不知道是 5 年还是 10 年还是怎样，有人说预测未来最好的方法是创造未来，我不知道在座各位尤其是年轻的学生能不能做到这一点，我希望看到的事情是 AI 在开放动态环境当中能够得到显著的改善。

张　峥：第一就是 AI 去泡沫化，我相信肯定会发生；第二，我也不是非常关心是哪个领域，就对我们人类来说非常简单的问题，比如说语言问题，有一个跟人比较相似的解决方法，因为我觉得一定要让机器在某一种地方跟我们人脑的精神活动层面相似才可以做到共生，否则是非常危险的。

王　翌：中国是一个教育资源分布特别不均衡的国家，云南省有70%的中小学缺乏英文老师，黑龙江省是50%，我希望5年之后在那些教育资源贫乏的地区的学生当中至少有一半能够拥有这种人工智能的产品，让他们拥有和大城市的孩子们一样的接受高质量个性化教育的机会。

吴剑林：请大家以热烈的掌声感谢今天在座的各位嘉宾，他们都以非常丰富的经验真诚地跟大家做了分享，我们的讨论就到此为止，谢谢各位。

吴剑林、陈海波、李凯、
Dawn Song、王翌、张峥
理解未来第 29 期
2017 年 7 月 8 日

第三篇

数字世界的启蒙之光

计算机视觉是人工智能这个大领域里一个重要的研究方向，它是数字世界的启蒙之光。人工智能，尤其是计算机视觉，还有很长很长的路要走。现在才刚刚开始，所以就像 5.4 亿年前，物种有了一次寒武纪大爆发，人工智能带来的先进科技，在不久的将来也会产生一次次巨大的爆发和创新。

李飞飞

美国斯坦福大学计算机科学系终身教授
美国斯坦福大学人工智能实验室主任
谷歌云人工智能和机器学习首席科学家
AI4ALL联合创始人兼主席
未来科学大奖科学委员会委员

数学世界的启蒙之光

今天我跟大家分享一下本行的工作：计算机视觉和人工智能。

说到视觉，我想把大家拉到 5.4 亿年前的地球，那时候基本上是水的世界，所有的生物都是以浮游生物的形式出现的。远古世界有非常少的动物，而且生活非常惬意，这些动物平时没事就漂着，也不做其他的事，如果食物漂过来了，它就吃一口。但是在 5.4 亿年前出现了一个非常神奇的现象——寒武纪生物物种大爆发，生物的物种突然在非常短的一段时间内迅速增加。科学家们研究了很多年，一直在思考，为什么会出现这么一个奇怪的现象，到底是气候变化了，还是地球出现了变化，还是其他的原因？通过对很多化石的研究，在十多年前有一个年轻的澳大利亚生物学家提出了大家现在比较接受的理论，就是整个寒武纪物种的爆发，起始最重要的原因是在动物界产生了眼睛，就是第一个像三叶虫的动物出现了一个非常简单的眼睛，有点像哲学家墨子说的小孔成像这么一个非常简单的视觉系统。当眼睛出现以后，整个动物界发生了翻天覆地的变化，这个时候它们可以看到周围的世界了，看到周围的世界以后，它们可以去寻找食物，有一些动物为了不变成别人的盘中餐，就需要躲避其他的动物，所以在这样的竞争中，生物界就出现了巨大的变化。因此，这 5.4 亿年来，动物视觉作为生物最重要的一个智能系统，对整个生物的进化产生了非常重要的影响。作为动物，我们用视觉来生存，来捕捉食物，来沟通，来娱乐，来社交，很多都是来自视觉的功能。当然在全宇宙里，我们知道最庞大、最了不起的系统就是人的视觉系统，发展到今天，5.4 亿年以后，整个人的大脑有大概一半的脑细胞在参与视觉的功能，这是人脑和人的智能系统里最大的感知功能（Sensory Function）。

和人的视觉相比，机器的视觉只进化了大概不到 60 年的时间，在短短的 60 年时间里，计算机视觉发生了翻天覆地的变化，但总的来说我们还是刚刚走出了第一步。我希望计算机视觉在未来的发展里，能给人类各方面的产业和生活带来重要的影响。直到今天，我们虽然有了很多的照相机、摄像头，但我们还不能帮助盲人完成看的方式，或者说我们有了很多的无人机、卫星系统，但我们还不能完全用视觉的方式、图像的处理来了解整个地球环境的变化。夏天快来了，游泳池里虽然有很多监控系统，但还没有一个完全让我们知道有没有小孩子溺水的视觉系统。在医疗方面，更是有很多的场景在不久的将来可以应用到视觉。

所以总的来说，计算机视觉是人工智能这个大领域里一个重要的研究方向。今天人工智能已经发展了五六十年，在这期间我们也取得了很大的成果。从 2010 年第一届 ImageNet Challenge 开始，到 2016 年，机器视觉的错误率在不断下降。一两年前，通过和深度学习的结合，机器视觉已经基本达到甚至超越了人类在物体识别方面的能力。虽然还是有一些不完全达到人的所有能力，但是已经有了长足的进步。

在座的可能会问到底计算机视觉可以用来做哪些事情，这些都是计算机视觉的主要研究方向，比如说刚刚提到的物体视觉和找到视觉场景里每一个物体的机制，有对人身体的识别，对机器人、无人车都有非常重要的影响，这些都是计算机视觉中一些重要的研究方向。

今天我想跟大家分享的是我实验室最近关于计算机视觉的两个应用研究，跟大家聊一聊，除了基础科学的研究，我们还可以把计算机视觉应用到哪些场景。今天我会讲两个场景，第一个是智能医院的应用场景，第二个可能会比较好玩，是计算社会学的应用场景。先说一下智能医院的应用场景。我们和斯坦福大学医学院、儿童医院做了 3 年的一个合作项目，有很多的合作者参与，我做这么一个假设，计算机和人工智能与人的关系应该是统领的、智能的，在医疗中的关系，我希望它是一个守护天使。人工智能的技术可以更好地帮助医疗事业实现其工作流程，在整个医疗场景中，有很多需要人参与对病人的照顾，比如说医院的手术场景、重症监护室等。今天我想说一个例子，术语叫做住院感染。住院感染是一个非常严重的问题，在最近的一个报告中，美国有 4% 的住院病人会在住院期间发生感染，这会造成病人病情的恶化，甚至死亡。为什么会出现感染这个问题呢？很大的一个原因是医生和护士没有很好地洗手，因为医生和护士是最大的带菌者，洗手就变成了一个最重要的问题。这个问题在整个美国造成的经济损失达到了 357 亿到 450 亿美元。不管你怎么指导医生和护士，这实际上是一个非常难解决的问题。他们工作这么繁忙，病人那么多，进进出出。所以传统的办法是，医院基本上会请一些便装的监视人员偶尔做一些调查，看医生和护士有没有在一定的时间、一定的地点内做好这个事情。但时间一长，护士和医生都知道哪些是便装调查人员，会有很多的偏见。最近有一个 RFID 的技术，但是这个技术也有很多问题。所以我们认为，因为现代传感器的崛起，我们可以根据计算机视觉技术来做传感器，它非常便宜，而且智能，最重要的是还可以保护隐私。这个传感器很像无人车的传感器，不需要看到你是谁，只需要通过人的身体的动作来辨识，这个场景是非常难的问题。计算机发展了这么多年，对人类认知已经有了长足发展，但是在医疗的场景里还是有一些比较大的挑战，比如说照相机的角度，还有对光线的要求等，我就不细说了。

我们和斯坦福大学儿童医院合作了一个项目，在医院三楼的住院部,我们装了大概 20 个传感器,通过这个来了解整个医疗人员的行为,每一个传感器得到的信息大概都是这样的。两个不同的传感器可以看到人的进出,如果是红色的就说明他没有洗手,是绿色的就说明他有洗手这个动作。这个背后需要计算机视觉的模型来观测和计算人的动作,我在这里就不多说了。分成两步,第一步是对人的追踪,每一个人的移动和走过要通过传感器来追踪。第二步是当他快走到病房门口的时候有没有做洗手这个动作,这一步叫做动作检测,这是通过一个深度学习的模型来做的判断。我就不细说了。

我们的技术对录像的每一帧可以判断出人的手在哪里,动作是什么。和以前的其他模型比,我们得到的效果是非常好的,在无人监视的情况下,基本上可以达到被训练的医生可以看到的准确度。我们也做了其他方法的比较,它有很好的效果。

我们还专门请了一批所谓的便装的监视人员跟机器的效果进行比较。机器在没有任何人参与的情况下,做得比其他的便装人员的效果更好一些。在儿童医院,还可以观测所有医生和护士一天的行为,比如他们走到哪里等,其实这是非常丰富的数据,可以 24 小时不间断监测。在智能医院的监控和行为优化的过程中,这样的技术可以产生很深远的影响,这仅仅是第一步。这是我讲的跟医疗场景有关的应用场景。

下面我再说一下计算社会学的项目,最近刚刚完成,这是跟很多学生合作的项目。人口普查是所有政府非常非常重视的大事,每几年美国政府就会花几十亿美元来做这件事情,美国最近的一次人口普查是 2010 年,是全国性的。大家都知道,人口普查的结果会对经济、政策、社会等产生深远的影响,我们和学生就在思考这个问题,就是有没有其他的方式而不需要花巨额经费,因为这个非常贵,而且只能很多年做一次。我们就想到了地图这个东西,尤其是 Google 地图。Google 地图基本上已经覆盖全美国,甚至覆盖了全球。Google 地图里有这么一个信息,是叫街景,不光有道路信息,还有社区和街道的图片,图里有很多的信息。我们抓住一个物体,至少在美国社会,这个物体给了大家非常多的信息,这个物体就是车。当你能识别一辆车的时候,你可以知道这辆车是什么,是哪个厂家制造的,多少钱,排气量是多少,等等。车是一个信息很丰富的载体,尤其是在美国这样的社会,每个家庭都有一到几辆车,所以与每一个家庭和人的行为都息息相关。因此我们就提出了这样一个很好玩的项目,就是我们能不能用车来分析整个美国社会。

我们做了一件什么事呢? 就是选了美国人口最多的 200 个城市,在 Google 地图上下载了 5000 万幅 Google 街景,这些都是有车的图。在一个城市大概每 10 米我们就抽取一幅图,是非常密集的覆盖率。我们把图里面所有的车都挖出来,一会儿我会讲如何用人工智能、计算机视觉的方式挖出来。可以想象,当我们能看到每一辆车的信息的时候,这里面就蕴藏了巨大的信息。所以通过这个项目我们就提出了视觉普查,用 5000 万幅 Google 的地图来对人口的结构进行预测。

首先,要用物体识别的方式把这些车给看出来,这是不可能用人工方式的。我们用深度学习的模型对车进行检测,不光是要识别这里有一辆车,还要识别这是什么车,是哪一年的车等。我不知道大家知不知道 1990 年以后,全球范围内生产了大概 3000 种不同的车,我们将全部车建立了深度学习的模型,把它识别出来了,识别率还是比较高的。全球汽车厂家也不是特别多,几十个汽车厂家,我们计算机自动地识别不同车的种类。有了这样的信息,我们现在拿到了 5000 万幅图,200 个城市,可以把每一辆车的车种给识别出来。我们现在可以做很好玩的事情，比如可以提一个问题，这个州或者是城市环保的情况怎么样，我们可以通过图片里对车的识别，通过车的排气量来做环保的判断。

美国政府调查了每一个州的碳足迹，颜色越深绿越好，越浅绿说明这个州的碳足迹越严重。我们通过 5000 万幅图和 200 个城市做出来的汽车排气量的图与美国政府的调查图有很大的相关性，可以发现美国最绿的城市是 Burlington Vermont。

我们可不可以通过车和人工智能的方式来判断家庭收入？我们用了不同的车的种类、年代等，最后做了一个回归来看这个事情。我们选了一部分城市来做训练数据，选了另外一部分城市来做检验数据。我们发现一个城市车的价格和平均家庭收入具有非常强的相关性。说得再仔细一点，美国的城市都是邮政编码区，政府人口普查的每一个邮政编码区的平均家庭收入，用颜色的深浅代表富裕和贫穷；我们通过车的价格分析出来的结果与它又有很强的联系。

我们通过人工智能的模型发现，下面这几个车的特征能暗示比较高的家庭收入，比如说日本车，还有德国车，而美国车、旧车，还有其他的一些牌子暗示着比较低的家庭收入。根据车的分析，能不能暗示投票率或者投票的结果？我们用了 2008 年总统选举的数据。我们通过对车的分析，分析出哪些城市选的共和党，哪些城市选的民主党，预测的数据与实际数据有一定的相似性。在美国，每一个城市的选票是根据不同的小区，叫选区来定的。更细致的结果，如美国洛杉矶，我们通过车的数据预测的和实际的数据是非常相似的。怀俄明州（Wyoming）是美国比较大的一个农业州，它的一个大城市叫 Casper，也是我们预测的。美国南部的得克萨斯州（Texas）的一个城市 Garland 也是我们预测的。而且我们发现，投民主党的州，开车的人比较喜欢开轿车，排气量比较环保；而投共和党的比较喜欢开卡车，比较喜欢开 SUV，所以这是比较好玩的一些信息。

通过这个数据我们还分析出其他的一些信息，比如可以通过车分析出芝加哥黑人区和白人区，分得非常快。我们还可以分析出犯罪率，如果具体到一个城市，面包车特别多的话，犯罪率就特别高。我们还专门请教了社会学家，面包车是一个非常好的毒品交易场所，所以面包车的数量很高预示着很高的犯罪率。还有些大家都知道的，在美国白人喜欢开 SUV，黑人喜欢开凯迪拉克，亚洲人喜欢开亚洲车，主要是日本车。

最近做了一个比较好玩的事情，通过计算机视觉和深度学习的模型来用大数据的方式分析一些计算社会学的信息。人工智能，尤其是计算机视觉，还有很长的路要走。这是刚刚开始，所以我自己觉得通过这么 60 年来的积累，就像 5.4 亿年前，物种有了一次寒武纪大爆发，人工智能带来的先进科技，也会产生一次大爆发。在不久的将来，甚至现在，大家会看到一次巨大的爆发和创新。

谢谢大家。

李飞飞
理解未来第 27 期
2017 年 5 月 26 日

第四篇

挑战最前沿

　　历经数个世纪，在众多科学家的努力下，人工智能的发展已经取得了阶段性的成果。庞大的物联网即将开启，所有的设备终将成为广义上的机器人，人工智能必将成为整个物联网的关键组成部分，成为基础性社会资源。当智能机器可以自己睁开眼睛看世界、探索世界的时候，将会为我们构建怎样的未来？人工智能与人的智能的根本性差异又在哪里？如果它可以像人一样思考，是否终有一天会超越人类智能？有关人工智能制度的建立应从何处做起？各行业应该提出怎样的要求？

王飞跃 | 中国科学院自动化研究所复杂系统管理与
控制国家重点实验室主任、研究员

1990 年获美国伦塞利尔理工学院（RPI）计算机与系统工程博士学位。1990年起在美国亚利桑那大学先后任助理教授、副教授和教授，机器人与自动化实验室主任，复杂系统高等研究中心主任。1998 年作为国家计划委员会"引入海外杰出人才计划"和中国科学院"百人计划"人才回国工作，2011 年追溯为首位国防领域"千人计划"国家特聘专家。曾任中国科学院自动化研究所副所长，现为中国科学院自动化研究所复杂系统管理与控制国家重点实验室主任，国防科技大学军事计算实验与平行系统技术研究中心主任，中国科学院大学中国经济与社会安全研究中心主任，青岛智能产业技术研究院院长。智能控制、智能机器人、无人驾驶、智能交通等领域早期开拓者之一。自 20 世纪 80 年代起，师从机器人和人工智能领域开拓者 G. N. Saridis 和 R. F. McNaughton 教授，开展智能控制、机器人、人工智能和复杂系统的研究与应用工作，提出并建立了智能系统的协调结构和理论、语言动力学理论、代理控制方法、复杂系统的 ACP 平行智能方法等。自 21 世纪初，发起并开拓了社会计算、社会制造、平行控制、平行管理、知识自动化等新的研究领域。曾任 *IEEE Intelligent Systems*、*IEEE Transactions on Intelligent Transportation Systems*、《自动化学报》等杂志主编，现任 *IEEE Transactions on Computational Social Systems*、《指挥与控制学报》主编，中国自动化学会副理事长兼秘书长。2003 年起先后当选 IEEE、INCOSE、IFAC、ASME 和 AAAS 等国际学术组织 Fellow。2007 年获国家自然科学二等奖和 ACM 杰出科学家称号，2014 年获诺伯特·维纳奖。

人工智能的前生今世

今天非常高兴来到上海纽约大学，因为 30 多年前，我就是从上海起飞，然后在太平洋彼岸的纽约着陆，开启了自己在美国的一段关于机器人与人工智能的学术生涯。所以接到邀请，就向主办方说一定会来未来讲坛做这个演讲。

今天讲一下人工智能的历史，以及我个人对于人工智能未来发展的一些看法。为什么首先会讲历史，因为只有回顾历史才有可能更好地展望未来。丘吉尔也说过，回顾历史越悠久，展望未来就越深远。特别是刚才很多人问我人工智能会不会威胁人类，我觉得这个问题非常难回答。但从历史的视角切入，会"自然"地给出"自然"的答案。所以我关于 AI

的演讲，将从历史开始，包括它的起源，它经历的严冬、盛夏，以及后续发展到今天的内容。我的幻灯片有 120 页，所以必须得加速了。

今年是人工智能的 60 周年纪念。60 年在中国有特别的意义，代表着一个新的开始。因为在古代，人们把 60 年看作一个周期，就是一个甲子，当过了 60 年，一个新的轮回就又开始了。因此，AI 一个甲子之后，我们也需要给人工智能开启一个新时代。

我们把人工智能称作"AI"，但它实质是从控制论（Cybernetics）的概念开始的。实际上人工智能最开始应该叫"Cybernetics"，中文把"Cybernetics"翻译成"控制论"，这是一个非常大的误会，最初把它翻译成"控制论"的四位学者，原本想把它翻译成"机械大脑论"。其实（我认为）翻译成"机械大脑论"更合适，但是他们觉得在中国把它翻译成机械大脑论可能会被认为是唯心主义，最后还是决定用"控制论"比较安全。从学术角度看，Cybernetics 四分之三是关于机械大脑，最多四分之一是关于控制的。而且人工智能的原始构想几乎都是从"Cybernetics"开始的，所以提出 AI 一词的 McCarthy 晚年说 AI 其实就是 Automation of Intelligence(智能自动化)之缩写。最近有一本书叫 *Rise of the Machines*，讲 Cybernetics 被人遗忘的历史，中文译本《机器崛起》，写得很好，大家看后就明白为什么这样说。

为什么谈这个呢？60 年前在美国的汉诺威开了达特茅斯会议（Dartmouth Conference），AI 从此正式登场。60 年后的今年年初，我到了另外一个汉诺威，这个汉诺威是德国的汉诺威，在那里碰到了一家公司，叫凤凰接触（Phoenix Contact）力推工业 4.0。它的 CEO 跟我聊，我说人工智能至少应从莱布尼茨开始谈，他说莱布尼茨就生在汉诺威（其实莱布尼茨是死在汉诺威）。我认为智能的远古史就是三人一线，从哲学到科学：从亚里士多德的形式逻辑到莱布尼茨的"脑微积分"，再到布尔的数理逻辑。

莱布尼茨发明微积分的本意是为了让大脑思维的过程也可以计算，

所以他还发明一个东西叫推理器微积分。然后他与一位到中国传教的教士交流,认为他的研究与中国的阴阳八卦非常一致。所以他当选法兰西科学院院士以后,应邀为其院刊写的第一篇文章就叫《论二进制与八卦的关系》,结果人家看不懂他的这篇文章,让他改个话题,但他坚持不改,结果两年以后才发表。我读书的时候有人告诉我二进制与八卦有关系,我自己还觉得荒唐,问外国老师,他说是真的。现在想想还是蛮有道理的,这个八卦其实就是最早的知识自动化,就是苏联人提倡的 Semiotics,是人工智能的一支。现在人工智能最有用的一部分,就是知识自动化。不过真正把它发展成一门科学的是布尔。

这里面有一个蛮美丽的传说,我们的计算机是从谁开始的?巴贝奇(Charles Babege),英国人(别问德国人)都认为他发明了第一台机械计算机。当年英国有三个人凑在一起,受乔治·埃佛勒斯的影响(喜马拉雅山的山脉就是由埃佛勒斯命名的),跟他一起研究神秘的古印度逻辑。三人一个是布尔,一个是巴贝奇,但是当时最有名的是德·摩根(de Morgan),今天形式逻辑和电路设计里的德·摩根定律(de Morgan's Laws),就是指这个人。这个人有几个十分有名的学生,其中一个学生就是现在控制理论的开拓者 Routh,还有一个是提出现代经济学的威廉姆·杰文斯(William Jevons),再有一个“明星”学生,是不是真正的学生我不知道,叫 Ada Lovelace,英国大诗人拜伦(Byron)唯一的婚内女儿。Ada 后来成了巴贝奇的助手,据说写了世界上第一个计算机程序。所以她是第一个“码农”,而且是女的,现在计算机领域有许多 Ada Lovelace 奖,连美国的第一个分布式程序语言也被命名为 Ada 语言。其实这个人到底与计算机有没有关系很多学者弄不清楚,但英国人坚信她是第一个程序员,甚至认她为第一个做算法的人。不过,德·摩根最重要的贡献当属顶住许多数学家同行的压力,支持鼓励布尔的研究,最终《思维定律》问世。我刚到美国时,第一周住在一个教堂里面,在教堂的图书馆里面发现了布尔的《思维定律》。

当时觉得奇怪，竟然还有思维的定律？看了半天，觉得这本书里面很多内容蛮荒唐的，特别是关于概率论的说法。但是没想到就因为这本书，我进入了计算机行业，认识了 McNaughton 教授，开始了人工智能的研究。

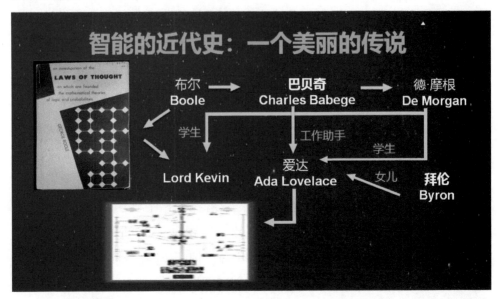

现在的数理逻辑，包括电路设计的布尔代数都是源自这本书。香农（Claude Elwood Shannon）最重要的学术贡献是他的硕士论文，其实就是把这本书（*Law of Thought*）里面的结果翻译成现代布尔代数的样子，成了我们今天所有计算机设计和电路设计的基础。

布尔的《思维定律》我当时看不太懂，同住的美国学生恰好是计算机系的，向我推荐了 McNaughton 教授，说他是这方面的权威。McNaughton 告诉我正是因为布尔的工作才有了数学意义下的形式逻辑，才有了希尔伯特数学形式化的冲动，才有了后来的哥德尔、图灵等的工作。当然，才有了今天的人工智能。后来，教堂的主教见我十分喜欢，就把书赠给了我，这本书成了我第一部有百年历史的珍本书。

布尔与中国和人工智能的关系很特殊。他的夫人是埃佛勒斯（喜马拉雅山的英文名）的侄女，他的小女儿就是影响了几代中国人的小说《牛虹》的作者。中国革命中传奇美国人、李政道的同门辛顿（中文名阳春）也是布尔的后代。而且，今天人工智能风头最健的学者、深度学习的开拓者辛顿教授算下来是他的好几重外孙了。

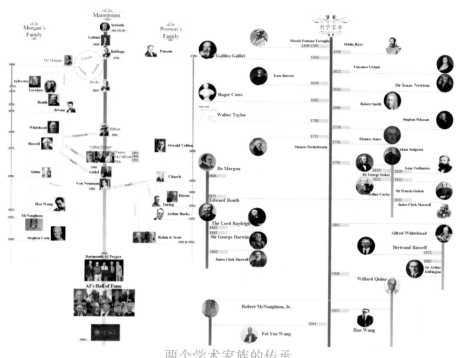

两个学术家族的传承

这就是人工智能最初的由来，但是它最终的成形是靠两个学术家族，一个是德·摩根所在的家族，一个是泊松所在的家族。德·摩根家族里面后来出现了一个中国人，就是王浩（Hao Wang），他是华人里面第一位从事人工智能研究的。王浩当年用一个很简单的 IBM704 机器，很短时间就把伯特兰·罗素（Bertrand Russell）和怀特海（Alfred North Whitehead）写的《数学原理》里面的几百个定理（花了十多年心血！）给证明出来了。所以罗素闻后感叹：早知今日何必当初？他们写了《数学原理》三卷书，是受谁影响而写的呢？是大卫·希尔伯特（David Hilbert）。1900 年的 8 月 8 号世界第二届数学大会上，希尔伯特提出了著名的希尔伯特 23 问题和要把数学公理化、机械化的思想，深深地激发了罗素，结果就是与他的老师怀特海写了这三卷书的巨著。本来他们是想具体落实希尔伯特的思想，但是没想到中间"杀"出一个二十几岁的哥德尔（Kurt Gödel），证明罗素这本书提出的（数学逻辑形式化）思想是不可能的，这就是哥德尔著名的不完备定律，说不可能证明数学既是一致的又是完备的。后来又出现了一个图灵（Alan Mathison Turing），他再次以图灵机的形式证明连决策问题都是不可判断的。其实图灵的结果邱奇早在三年前就发现了，因此图灵去了普林斯顿做了邱奇的博士生，加入了泊松的学术家族。

计算机就是这样（在两个学术家族的推动下）发展起来的。约翰·冯·诺依曼（John von Neumann）读了图灵的论文后，觉得就可以根据图灵的理论来设计未来的计算机，这就是现代数字计算机的冯·诺依曼的结构，今天的计算机就这样开始了。其实在这一过程中影响最大的是维纳（Norbert Wiener）。当年冯·诺依曼要设计计算机，多次参与维纳举行的研讨会，因为维纳那个时候也在设计模拟计算机，而且冯·诺依曼还雇了维纳的主力工程师（毕格罗）来做总设计。所以整个的历史就是这两个家族，一个是德·摩根延续而来，从怀特海一直到王浩，一直到库克（Stephen Cook），也得过图灵奖。另外一个家族是从泊松（Simeon-Denis Poisson）开始，一直到美国普林斯顿高级研究院的创始人，到邱奇（Alonzo Church）。邱奇-图灵论题（The Church-Turing Thesis）就是以他们二人的工作命名的，中间主线就是希尔伯特、维纳和冯·诺依曼等，一直到后面的达特茅斯人工智能会议。所以人工智能的主要历史，就是希尔伯特开启的这条主线，再加上这两个家族的贡献，一个是从逻辑推理来的，一个是从计算方面来贡献的。一直到1956年开了达特茅斯会议，人工智能就正式成为了一个研究领域。

为什么讲这些？首先，这是历史上的事实，其存在掩盖不了。其次，我的观点是，除了人类对智能的正常追求之外，从亚里士多德、莱布尼茨到布尔等，希尔伯特、罗素和怀特海的数学公理化、形式化、逻辑化和机械化的想法是学术上引发人工智能最早的催化剂，只是他们设想的过程是走不通的，哥德尔、邱奇和图灵的定理就像炸弹一样把大家从梦中炸醒，迫使大家回到计算的机械化这一可行的道路上来。

可没有多久，"死灰"复燃，智能的诱惑太大了，这就是为什么1950年图灵写下关于智能的著名文章，还有今天几乎家喻户晓的图灵测试。图灵的想法，加上维纳的控制论思想，开启了从以推理为主的逻辑智能向以计算为主的算法智能扩展的进程，从而有了今天的人工智能。讲这些意味着什么？意味着人工智能是科学发展积累的自然结果，是无数科学家长期努力的结果，没有什么神秘的力量。而且，正如哥德尔不完备定理所揭示的那样，数学上不存在超人类的"超级人工智能"。哥德尔晚年一直想把他的定理推广到社会学和哲学领域，坚持认为"人脑胜于计算机，除非数学不是人类发明的。就算数学不是人类发明的，计算机还是不如人脑"。我将这总结成"广义哥德尔定理"：以人工智能为代表的算法智能远不如人类文字等所能表达的语言智能，语言智能又远不如人类大脑所能构思的想象智能。所以我提倡对人工智能大家要有"三心"：这是时代的科技，大家要有激动之心；这是无数科学家几代人努力的结果，大家要有敬畏之心；这是一种技术，既可用来做有益于人类的事情，又可用来危害人类，取决于人类自身，大家要有平常之心。人工智能既不能奴役人类，更不能毁灭人类，只有人类自己才有能力干出这种事情。

10年前，我做 *IEEE IS*（*IEEE Intelligent Systems*）主编的时候，人工智能刚过50年。那时大家几乎把人工智能是什么都忘了，差不多是人工智能最悲惨的日子。我的学生毕业都说找不着工作了，要换一个方向，没人愿认为自己与人工智能相关，没想到十多年后人工智能又热回来了。那时候我们想，不能忘记对人工智能做出贡献的人，所以第一次在全世界范围内选了人工智能领域的10个人，构建了AI名人堂（Hall of Fame）。这里列的第一个人就是做专家系统的费根鲍姆（Edward Albert Feigenbaum），第二个就是麦卡锡（John McCarthy），

"人工智能"的名字是他提出的，他先在 MIT，后又到斯坦福大学，办了斯坦福大学的人工智能实验室。今年年初刚刚去世的马文·闵斯基（Marvin Minsky），我觉得人工智能所有的科学家里面他最有思想，他写过《心智社会》（*The Society of Mind*）。道格拉斯·卡尔·恩格尔巴特（Douglas Carl Engelbart），很多人反对把他归为人工智能的创始人，我是坚持让他加入的。人们用的鼠标就是他发明的，因特网也算是从他开始的。二战的时候他还是个士兵，驻扎在菲律宾，读了布什（Vannevar Bush）的 *As We May Think*，就决定要把它实现，结果导致了因特网的雏形。他在智能方面的最大贡献就是首先提出了由网络化实现扩展现实 AR，按他女儿的说法，思维总是超时代 20 年，后来专门研究大脑。

Hall of Fame
AI's Hall of Fame

In 2010, as the part of the celebration of the 25th anniversary of *IEEE Intelligent Systems* magazine, our editorial and advisory boards decided to launch the *IEEE Intelligent Systems* Hall of Fame to express our appreciation and respect for the trailblazers who have made significant contributions to the field of AI and intelligent systems and to honor them for their notable impact and influence on our field and our society.

When we first began our search for candidates, we did not think we would be so overwhelmed. It quickly became clear that there was an immense number of amazing, talented individuals conducting relevant and innovative research in the AI and intelligent systems field across the globe.

The task of selecting from such an accomplished list was an extremely difficult process, and we proceeded with great care and consideration. I would like to express my sincere thanks to all the members of our editorial and advisory boards for their great effort in this endeavor.

It is always exciting to see that there are people with such passion in a field, and we hope that our Hall of Fame will be a way to recognize and promote creative work and progress in AI and intelligent systems.

Now, I proudly present the inaugural induction of the *IEEE Intelligent Systems* Hall of Fame. Congratulations to our first ever Hall of Fame recipients!

—*Fei-Yue Wang, Editor in Chief*

AI 名人堂

提姆·约翰·伯纳斯-李爵士（Sir Timothy John Berners-Lee）这个人也算很有贡献，主要是万维网，但是按照真正传统的人工智能角度来讲，他是个配角（打酱油的）。卢菲特·艾斯卡尔·扎德（Lotfali Askar Zadeh）在计算智能方面贡献很大，相信他的模糊逻辑将来还有更大作用。我们做自然语言处理的，不能忘记艾弗拉姆·诺姆·乔姆斯基（Avram Noam Chomsky）。瑞迪（Reddy）就更算是一个配角了，当年他自己都不认为是干人工智能的。今天我们做的概率图模型都是从朱迪亚·珀尔（Judea Pearl）开始的，我们评 AI 名人堂的时候，只有他和尼尔森（Nils Nilsson）没有得图灵奖，现在只剩尼尔森没有得图灵奖。但我觉得在人工智能里面将人工智能从文学转为科学的过程中做出最大贡献的就是尼尔森，他一口气写了很多 AI 的书。我们今天做的深度学习，其实最初的技术是在这本书上，它叫《学习机器》（*Learning Machine*），我们现在叫《机器学习》。最初的学习是从学习控制开始的，从 *Learning Control* 到 *Learning Machine*。我 30 多年前最喜欢读的书是 *Logical Foundations of Artificial Intelligence*，我还给这本书写过一个书评。尼尔森最近写了一本小册子，叫 *Understanding Belief*，我们今年把它翻译成中文。如果大家对人工智能历史感兴趣的话，尼尔森还写过一本 900 多页的书叫 *The Quest for Artificial Intelligence（AI）*，介绍人工智能的历史。现在尼尔森退休了，以前一直是在 SRI 和斯坦福大学。

今年大家都在讲 AlphaGo，AlphaGo 到底有多大意义？我觉得 AlphaGo 意义蛮大的，可与邱奇-图灵假设有一比，虽然在科学上没有什么贡献。因为邱奇-图灵假设才出现了我们今天的计算机，但是它只是一个假设，它觉得所有可计算的数都可以用图灵机计算，其实这件事情无法证明，但是因为图灵假设启发了冯·诺依曼，产生了计算机，最后才有了我们今天的信息行业、IT 行业。我觉 AlphaGo 将来可以称为 AlphaGo 命题：只要是复杂性问题，都可以用 AlphaGo 的架构解决，只要参数多了就会产生智能。所以科学家德日进就讲过"所谓生命，就是复杂化的物质"，只要复杂了就有生命，就有智能了。

对我来说，AlphaGo 的意义很大。大家都知道 IT，我们今天知道 IT 是信息技术，其实忘了 IT 最初是什么意思，是工业技术的意思，Industrial Technology，那是 200 年前的"老"IT；60 年前，IT 才变成 Information Technology，但现在已是"旧"IT 了；今天的 IT 是"新"IT，Intelligent Technology，所以 AlphaGo 意味着我们真正进入了新 IT 的时代，智能技术的时代。但是 IT"老旧新"这三个都要有，我们离不开工业技术，也离不开信息技术，将来更离不开智能技术。

为什么要这样想？其实它有很深的哲学基础，波普尔是近代最伟大的科学哲学家之一，我从小就知道有两个世界：物理世界和精神世界。我们今天的讲座叫"生命科学和人工智能"，其实是两个生命：一个是物理生命，一个是虚拟生命。波普尔告诉我们在物理和精神世界后还有一个第三个世界，叫 Artificial World，就是人工世界。我们农业社会干了什么？农业社会就是开发了物理世界的表面资源。工业社会干了什么？就是先心灵解放，文艺复兴。文艺复兴解放了我们的心灵，我们不再是神的奴隶，我们是自由的，所以我们产生了科学，科学之后我们有了新的机械，回过头来再开发地下，有了现在的工业，挖石油，挖铁矿，现在的能源行业、钢铁行业就是这样起来的，所以解放第二个世界开发了第一个世界的地下资源。再加上旧 IT 信息技术，前两个世界都开发完了，现在我们要开发第三个世界，就是人工世界，我们要从农业、工业到智业社会。人工世界的矿源就是数据，那就是人的智力，所以我觉得新 IT 的时代到了，因为我们要开发人工世界了。所以说人工智能就是两部分，人工有多广，智能就能有多深，这也就是我们的大数据、物联网、云计算今天这么重要的原因。这就是 AI 的一个甲子，我们要有新一代智能技术，不忘初心，但要重新开始。

关于人工智能的冬天，因为时间原因今天"冬天""夏天"的话题就不讲那么多了。但是我非常担心的一点是，今天的许多人工智能话说得太高，可不要把人工智能再弄进另外一个冬天。大大小小能数过来的人工智能的冬天有 6 个，其实让我说至少有 9 个冬天。人工智能真是太可悲了，只有冬天跟夏天，没有春天跟秋天。春天阳光明媚，秋天是收获的季节，我就希望将来还有个秋天。它没有秋天的原因也很简单，你看翻译自动化，翻译了几个来回，结果也太荒唐了。但是你想特斯拉的车能把白墙看成云彩，一头撞上去，你说不比这还荒唐吗？所以人工智能不会威胁人。机器人很长一段时间连个门都打不开，还怎么威胁人呢？

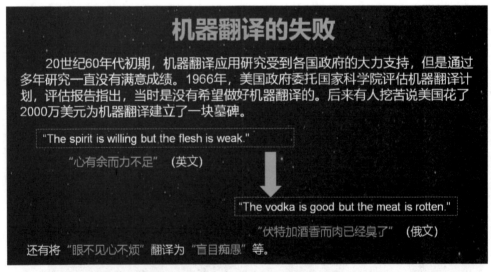

机器翻译的失败

20世纪60年代初期，机器翻译应用研究受到各国政府的大力支持，但是通过多年研究一直没有满意成绩。1966年，美国政府委托国家科学院评估机器翻译计划，评估报告指出，当时是没有希望做好机器翻译的。后来有人挖苦说美国花了2000万美元为机器翻译建立了一块墓碑。

"The spirit is willing but the flesh is weak."

"心有余而力不足"（英文）

"The vodka is good but the meat is rotten."

"伏特加酒香而肉已经臭了"（俄文）

还有将"眼不见心不烦"翻译为"盲目痴愚"等。

其中一个很严重的冬天是一本书导致的，这本书叫 *Perceptron*。为什么要提这本书？因为深度学习就是从它而来的。20 世纪 50 年代的时候，许多媒体说感知机（Perceptron）要取代人类了，要变成智能机器了。结果闵斯基（Minsky）跟西蒙·派珀特（Seymour Papert）写了一本书说感知机连最简单的 XOR 问题都解决不了，还能成智能机吗？这就导致了感知机的提出者、康奈尔大学的研究员弗兰克·罗森布拉特（Frank Rosenblatt）的悲剧。他在 20 世纪 50 年代的时候非常出名，记者们都认为他的感知机能征服世界，然而闵斯基却说感知机毫无用处，不久罗森布拉特就去世了，很年轻。他跟闵斯基是同一个高中毕业的，两个人还是同学。大家都觉得闵斯基这个事做得太不地道了，他把感知机限制到一个很具体的情况，证明了它连很简单的问题都解决不了。大家一看它连这么简单的问题都解决不了，就把它的其他潜力也给抹杀掉了。弗兰克·罗森布拉特很不高兴的，有一天他坐船出去，有人说是他自己划船出事了，有人说他是自杀的，反正最终是死掉了。他死了之后，这两个作者觉得不大好意思，特别是第一版书的封面颜色就不对，美国出书哪能用这种红颜色的呢？所以第二版把颜色改了，改成象征和平的绿色，然后把这本书就献给了他的高中同学罗森布拉特。但是那时人已经死了，再也无法看到今天深度网络又回来了，而且差不多救了 AI。神经网络回来了之后，闵斯基又说他当时不是这个意思（感知机毫无用处），在业内一直有对这件事非常不满的人士。

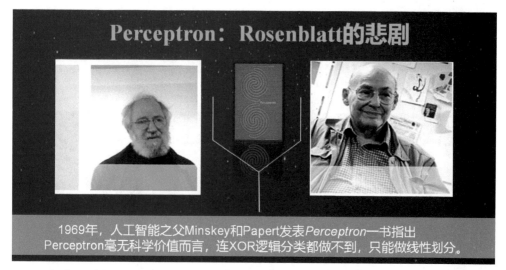

Perceptron：Rosenblatt的悲剧

1969年，人工智能之父Minskey和Papert发表*Perceptron*一书指出
Perceptron毫无科学价值而言，连XOR逻辑分类都做不到，只能做线性划分。

我自己是 20 世纪 80 年代开始做这方面的研究的，当时也是寄希望于逻辑编程，所以 20 世纪 80 年代我还写过两本书（*Logical Foundations of Artificial Intelligence; Foundations of Logic*

Programming）的书评。现在深度网络又出来了，是因为计算机的计算能力提高了，AlphaGo 就是例子，由于时间原因，我就不细讲了。还有一本书，英文叫 *On Intelligence*，讲的是大脑跟智能的关系。出书的时候，也就是十多年前，传统做人工智能的人绝对认为它跟人工智能没多少关系，可是翻译到中国来就有关系了，开始是翻译成《人工智能的未来》。让我写书评，我说这个书名就是"挂羊头卖狗肉"，但是羊头挂的是真的，狗肉味道也不错，所以我觉得还可以。但是没想到 10 年以后这本书又换了一个名字出来了，这次叫《智能时代》，是同一本英文书。不过我觉得作者讲得还是蛮有道理的。

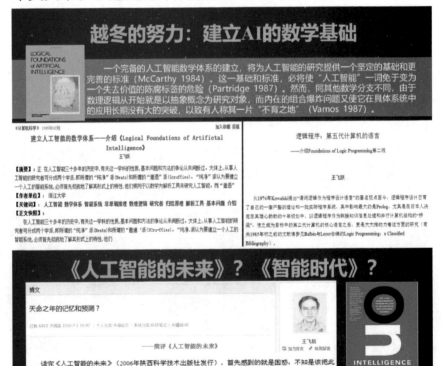

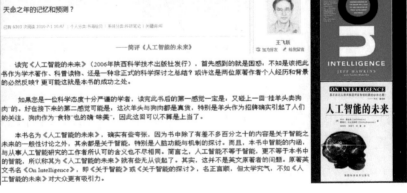

关于人工智能威胁论有三个最有名的人物。雷·库兹韦尔，我想大家都很熟悉了，他预测过很多的东西，包括 2010 年计算机就消失了，这是在大庭广众下，在 TED 上面所讲的，我不知道大家今天有没有带计算机来，今年是哪一年？奇点论这个事情不是科学也不是哲学，罗素悖论早就把奇点论从哲学上剥离了，就是剃头师傅的头发谁来剃的问题。马斯克很有名，我想他的特斯拉刚刚出事，就更有名了，他的火箭这两天也炸了。但是我觉得他确实是个非常伟大的人，不过他说人工智能比原子弹还可怕，我是坚决不赞成的，我觉得这两个东西没有可比性。还有一个人是霍金，他更有名，他说人工智能的发展会导致人类的灭亡。他以前讲过一句话："不能把飞机掉下来归咎于牛顿的万有引力。"我觉得人类很有可能灭亡，但是也不能归咎于人工智能。这就是我的观点，有些东西是文学性的描述，不是科学的，你没法反驳，我觉得大家没必要花时间去研究，这些东西根本不成立。其实库氏等人的许多预测是搭便车，然后等着默顿自我实现定律发酵而已。还是那句话：飞机失事不能怪地球引力，人类灭亡或技术威胁人类也不能怪人工智能，那是人本身发展的一部分。要灭亡也是人类自己的原因，不能怪技术。

我刚刚第一部分给大家讲的历史，人工智能走到今天，那是纯纯正正的科学，上面追溯到伽利略、牛顿，都是做这件事。所以我就希望大家对人工智能有一个正确的态度，首先，因为人工智能是我们这个时代的技术，我们要怀有激动之心去迎接它，特别是年轻人，我觉得希望还是在年轻人身上。其次，人工智能是科学追求的必然结果，这是一个非常科学的研究，所以大家要有敬畏之心。最后，要有平常之心，没有什么威胁，对人类威胁最大的不是技术，任何技术都是双刃剑。谁能灭了人类？只有人。

人工智能的春天在哪里？我觉得春天就是黑暗的另外一半。到底什么是智能？我认为闵斯基的话说得很好，大家不要指望人工智能就是

如何对待智能?

对于未来,**任正非**的预判是,未来二三十年人类社会将演变成智能社会,深度和广度还想象不到。但智能社会的基础之一就是大数据,虽然智能的方向还需要探索,但把基础打牢,这必然是正确方向。

智能技术是时代的召唤和必须;   我们要有**激动**之心;

智能技术是科学发展的必然;   我们要有**敬畏**之心;

智能技术不是人类的威胁!   我们要有**平常**之心!

人工智能希望的春天和收获的秋天在哪里?

深度学习,它一定要源自多样性,没有一个统一的原理。但大家也不要觉得这个技术无法研究,你只要追求就有结果。更深的历史,大家可以看看 *Aristotle's Prior Analytics and Boole's Law of Thought* 一文,发在一个哲学杂志上,是约翰·科科伦(John Corcoran)写的,他是我老师的第一位博士生,是学哲学的,他追究的就是从亚里士多德到布尔数学的历史关系。

在英文中,"Intelligence"有两个含义:一个是"智能",还有一个是"情报"。大家一定不要忘记它有两个意思,为什么今天人工智能的主流公司是 Google? Google 就是做搜索的,其实就是搜情报的。为什么是百度?它也是做搜索的。大家不要忘了人工智能的另一半,忘了这一半就无法实现智能。所以我认为这就像一个硬币的两面,一面是智能,另一面是情报,或者再初等一点,是数据,大数据,你不把它们合在一起就不可能实现真正的人工智能。智能是开放的情报,情报是封装的智能。这就是为什么 Google、百度做人工智能非常自然,以后做人工智能肯定不能完全靠几个算法,要有组织、有行动,还要有知识,KAO(知识+行动+组织)才是智能的方向。

"情报 5.0"就是我们在做的情报，我们说这是情报 5.0 的时代。最初的情报是"人员情报"，这是间谍人员的术语，是在一战之前；二战就变成了"信号情报"；而到了冷战时期就是卫星图像，也就变成"图像情报"了；网络时代就是"开源情报"了，再加上人工智能就变成了"平行情报"。以后的战争管理也是 5.0，将来是"明战""暗战""观战"这三战合在一起打。以前战争的传统是消耗资源，打消耗战，之后就要靠机动战，还有心理战。以前的战争是指哪打哪，现在的战争变成打哪指哪，打了就打了。这些一定要平行地合起来才行。最关键的是要把 UDC 转成 AFC，这是美国做网络战时军事上的总结，就是要把世界的不定性（U）、多样性（D）、复杂性（C）转成平行情报和平行军事组织中的敏捷性（A），我可以应对各种事情。一旦目标确定了我就要聚焦（F），然后我要向我的目标快速收敛（C），靠的就是智能技术。所以将来一定是虚实合一，就是走向平行。

现在的算法是一个封闭的算法，它封闭在机器里，出不来。但人类为什么智能？每当我提出一件事，我的大脑里面就把整个世界联系在一起。而算法只是在计算机器里面，在封闭机器里面无法实现智能。它能够像人一样，告诉它一件事情就能把所有资源一下子调动起来吗？

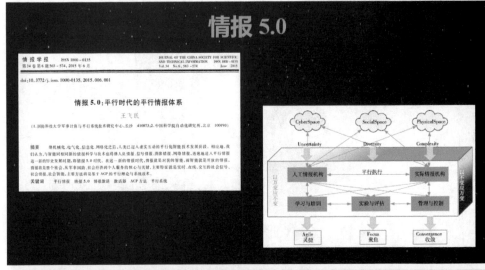

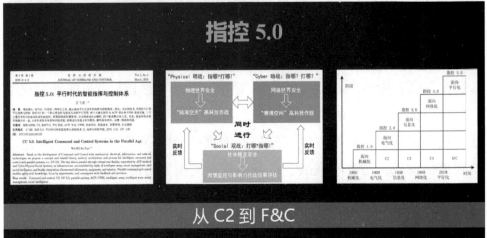

以前调动不了，但是现在有了网络，特别是有了物联网、无线传感，还有智联网，这就可以实现了。所以要实现人工智能，就要开放算法，这个开放算法只能在虚拟世界（Cyber Space）开放，只能在波普尔的人工世界开放，这样才能产生新的行业。所以将来的世界是物理、心理、人工三者平行的世界，这个平行的世界需要平行的智能。这就是我认为的人工智能未来的方向。所以将来是 Cyber-Physical-Social Space 的世界，一定要把人基于三个世界之中。下图五个圈合成的结果，也叫 CPSS，

我觉得最好的提法是 Cyber-Physical-Social Systems，在这之上才能产生智能产业。

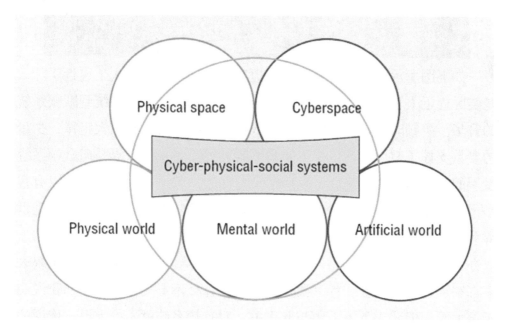

大家可以上网查一下，2010 年以前几乎没有"智能产业"这个词，我当时提出来这个词是觉得比较紧急，想推动大家往这上面去，所以开始写了一篇英文文章，我做主编就把 CPS 专栏改成 CPSS 专栏，我觉得基于 CPSS 才能有智能产业。后来我又写了一篇中文的文章希望大家来做这件事情，当时觉得这可能是 10 年后的事情，没想到不到 5 年，大家就都在说自己是干智能产业的了。

如下图所示，这就是平行，是虚实互动。将来不是人工逼近实际，是实际逼近人工。它有着很深的哲学基础，需要从牛顿系统到默顿系统的升华。牛顿时代是"大定律、小数据"。牛顿时代有三大定律，少量的参数支撑了整个物理世界的基本规则。但是将来的世界是向默顿系统发展的，默顿世界就是"小定律、大数据"。数据很大，定律可以有很多但很"小"。为什么要这样做？就是因为认知的鸿沟。我们的模型世界和真实世界，当复杂性提高了的时候，差距就越来越大，这个鸿沟怎么办？依靠大数据填，另外就是要从牛顿定律到默顿定律。牛顿系统大家都知道，就是"你干什么我知道，我说什么不影响你"。比如我说明天下大雨，但明天下不下雨与此无关。对默顿系统就不能乱说，你说的明天的股票怎么怎么样，搞不好明天的股票价格就变了，你的话是要影响整个系统的行为的，成了"你干什么我不知道，我说什么影响你"。

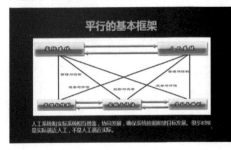

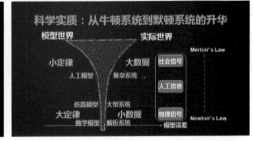

　　大数据对我来说就是"两句话、三件事",数据说话,预测未来,创造未来,没有大数据这三件事是串不起来的。利用平行和 ACP 思想就变成了三者合一,就是把描述(Descriptive)、预测(Predictive)、引导(Prescriptive)合并起来,从人工组织、计算实验、平行执行一直到平行智能(Intelligence)。

　　为什么要这样做?我给大家举一个很简单的例子,如果你只看到实数,那方程($X^2+1=0$)是没有解的。你需要引入虚数(Imaginary Number)。Imaginary Number 英文原意是什么?是想象出来的数,是神经病想出来的数,翻译成中文成了虚数就很文雅,把历史给掩盖了。400 多年前才出现这个数,但是以前人们认为这个数不是数,所以才认为是神经病想出来的数,现在谁要是不把它当成是一个数,谁就是神经病了。这个数一出来,这个方程有解了,我们很多程序就继续算下去了。相对论、量子力学就是这样(在虚数的基础上)出来的。现在我们要实现真正的智能,也要想到我们的空间,有实际空间+虚拟空间,下图是我十多年前提出的,那时大家觉得荒唐,但是现在你花在虚拟空间的时间比花在物理空间的更多,可能对很多人已经不是 50%∶50%了,是 70%∶30%了,但是从科学上来说它还是 50%∶50%,所以你也需要一个虚数,这个虚数就是平行的意思,它的基本支撑结构就是 CPSS。

　　在将来的智能社会,如果你没有 CPSS,就像你说你是发达国家,可你没有高速公路、没有火车站、没有飞机场、没有港口一样。我认为将来所有的东西都是平行的,人是平行的,设备是平行的,武器是平行

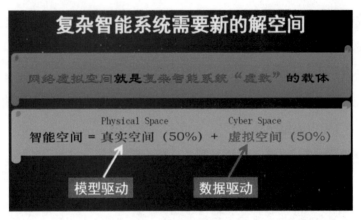

的，过程是平行的，工厂是平行的，所有的这些，机器人、无人机都是平行的，网端的机器人、现实的机器人合起来全是平行的，这样平行起来就是把模型和物理、人工世界和实际世界的鸿沟填起来了，平常时候就是以万变应不变，把小数据弄成大数据，把大数据弄成小智能，解决具体问题的精准知识。打游戏把自己变敏捷，一旦出了事就按律师法规告诉你的，以不变应万变，出了事也不该你管，这个时候就要向你的目标收敛，平常你就是深度学习，这就是有监督的学习，这就是加强学习，最终就成了虚实互动的平行学习。最后就是基于 CPSS 的智能机，它打通三个世界，也就是打通物理（Physical）、社会（Social）、虚拟世界（Cyber）。沃森曾经说世界只要 5 台计算机就够了，现在我不知道这个房间里有多少台。将来这个平行机器出来会产生一系列新的工作，比如决策工程师、游戏工程师、学习工程师，不是机器人取代人，而是机器"扩"人，带来了更多的工作，就像计算机带来了网络工程师、计算机工程师等一样，最后形成新的智能时代。

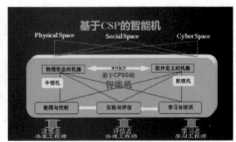

下图是 30 多年前我做智能机的博士论文时,我的导师给我画了三个圈:什么叫智能控制,就是人工智能+运筹学+控制+通信+计算机。然后画了三个框,最初的智能系统结构,下面是执行,中间是协调,上面是组织和策划,就是公司的 CEO 干的活,然后说你去做博士论文吧。我当时只待了一年就说要逃,不干了。后来导师组织牵头策划成立了一个 NASA 中心,说这个智能系统地上没有用,可能天上有用。结果 NASA 还真给了我们一个中心,叫空间探索智能机器人系统中心(Center for Intelligent Robotic Systems for Space Exploration, CIRSSE),就是服务

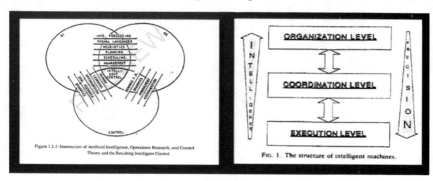

今天的国际空间站,说用机器人在上面搭建结构,许多的实践之后发现不行,后来还要找苏联一起搭。我的第一篇论文是《智能机的协调理论》,机器学习、博弈论、Petri 网都用了,其中有当年做的 NASA 的 18 个自由度的机器人组装系统。时间原因,就不讲了。下图是我的第二个博士生的博士论文里面所做的多层神经网络,我们 20 世纪 90 年代就做 9 层的,用 Matlab 一算就是一个星期,学生受不了,我也受不了,发表了几篇论文再也不干了。然而我相信要把社会计算、平行智能与知识自动化结合起来,形成深度决策、对抗决策,最后平行决策,走向工业 5.0 的智能产业时代。将来情报也要 5.0,控制也要 5.0,机器人也要 5.0,社会

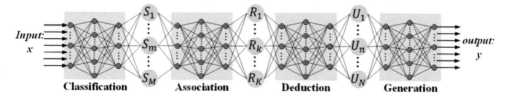

也要 5.0，德国提出工业 4.0 网络化，我认为基于智能和 CPSS 的平行化才是未来，这就是 5.0 的时代。我们从十多年前就开始做这方面的工作，做的第一个项目就是平行交通，今年国家发改委与交通部列的唯一

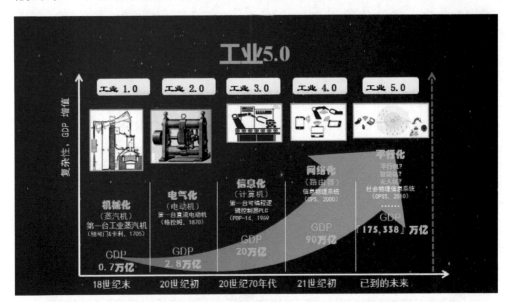

一个市级的具体示范项目就是平行交通，在青岛。这就是把人工系统与实际系统互动起来，做各种各样的平行交互。企业也是，人工企业和实体企业合一。农业也是，人工和实体农业结合起来做，用算法来控制。最后实现的是智能平行社会，这都是一起来平行，现在我们一帮年轻人在做这个，希望更多的人加入。现在我给自己的学生的就是五个圈、五个框，从导师的"三环"小奥林匹克，到我的"五环"逆奥林匹克。

我觉得将来任何事情都是可编程的，软件要定义一切，大家都要平行，要把 UDC 转成 AFC。大家都谈虚拟现实、增强现实还有人工智能，将来还要虚拟传感（Virtual Sensing）、增强传感（Augmented Sensing）、人工认知（Artificial Cognition），所以未来的实体就是软件定义的你，平行的你有多强大你才有多强大，将来每个人生下来就有个软件机器人，平行地跟你一起生，一起长，一起学习工作，你有多强大不是看你物理、生理上有多强大，是看平行的你有多强大。

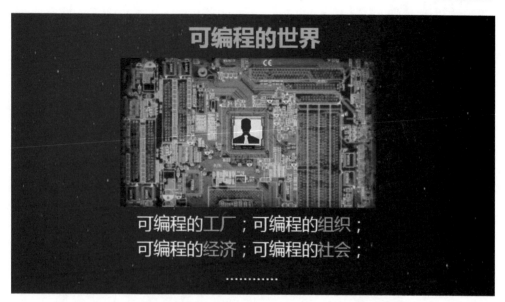

这些年来，我们老是说弯道超车，我最不喜欢弯道超车。人们认为弯道是要降速的，为了大家的安全，特别是别在别人的道路上弯道超车。作为一个大国，我们必创自己的直道，换上自己的直道，平行换道超车。古人说：非兵不强，非德不昌，强而不霸利天下。这才应是我们的"一带一路"，我们的"人类命运共同体"，我们的"中国梦"。这一切，在当今时代，离不开人工智能，离不开智能科技。

我的演讲结束了，非常感谢大家！

王飞跃

理解未来第 21 期

2016 年 9 月 10 日

余 凯 | 地平线信息技术公司创始人兼首席执行官
未来论坛青年理事

地平线信息技术公司创始人兼首席执行官，中组部"千人计划"国家特聘专家，国际著名机器学习专家。前百度研究院执行院长，曾领导百度深度学习研究院（IDL）、多媒体技术部（语音、图像）、图片搜索产品部等团队。创建了中国第一家深度学习研发机构百度IDL，并且领导团队在语音识别、计算机视觉、广告精准投放、网页搜索排序等核心技术及业务上取得突破性进展，曾经连续三次荣获百度公司最高荣誉——"百度最高奖"。2014年以来，发起和领导了百度大脑、百度自动驾驶、BaiduEye及DuBike等一系列创新项目。发表的学术论文被引用15000多次，获2013年国际机器学习大会（ICML）最佳论文奖银奖，曾任两大机器学习会议ICML和NIPS的领域主席。2011年担任斯坦福大学计算机系Adjunct Faculty，主讲课程"CS121：Introduction to Artificial Intelligence"。毕业于南京大学，于慕尼黑大学获得计算机博士学位，曾在微软、西门子和NEC工作。南京大学和北京邮电大学兼职教授，中国科学院计算技术研究所客座研究员，并被授予中关村高端领军人才和北京市海外高层次人才。

人工智能趋势

各位朋友大家下午好！刚才王飞跃老师为我们分享了非常精彩的讲话，甚至是从哲学层面，从整个科学的层面，都非常有启发性。下面我从计算机科学的角度跟大家分享一下人工智能最近发生了什么事情，我怎样看待未来。

我稍微介绍一下自己的背景，前几年在百度工作，现在做一个创业公司叫 Horizon Robotics（地平线信息技术公司）。我们现在正在做的事情是设计基于深度神经网络的处理器架构，以及它整个系统的解决方案，面向像自动驾驶这样的场合。

这里先跟大家分享一个小故事，叫 Google 白板。这个小故事是几年前 Peter Norvig 在做 Google 的项目指导时，竞争对手之间总是爱开的玩笑。他说在微软里面，大家用"if-then"陈述来写代码，就像在 Google 里面则用贝叶斯式。也就是说，微软是一个传统的软件公司，用规则写程序完成一些事情，而 Google 是大数据驱动的人工智能的公司，它们更多的是用贝叶斯数据的统计来驱动互联网服务的。几年前他说的这个笑话今天已经在一定意义上成为现实，因为今天即使大学一年级的新生都在跟我讨论怎样训练一个深度神经网络来做人脸识别。这就让我想到当年在读大学一年级的时候，我如醉如痴地学习 C 和 C++编程。所以这就是一个范式的迁移。从这个小故事可以看到整个的计算机科学在近 20 年的时间里面有了一个范式转移。过去更多的是按人工规则来完成的程序，现在更多的是基于统计数据驱动的模式。

再给大家分享第二个小故事，几年前，也就是 2011 年的时候，我在斯坦福大学教"Introduction to Artificial Intelligence"（人工智能入门）这门课程。当时任何课都需要做作业，作业就是课堂项目（Coursework Project），需要用一个学期来做一个项目。当时有个学生拆了两辆自行车的四个轮子，那两辆自行车就毁了。然后四个轮子上面加一个板子放一台电脑。他想干什么呢？因为他来自于农村，当时面临的问题就是地里要拔杂草，要雇很多人来做这件事，而且非常贵。他当时想我能不能用计算机视觉来识别这是杂草，然后让高压水枪把它除掉，这样既省了人工，而且无毒害。因为它不是用化学药来除草，能保持是有机的。当时就是这样一个项目，后来，在几个月前我碰到他的时候，发现他已经把这样一个想法、这样一个课程的项目变成现实。他开了一家公司叫 Blue River，这家公司造的就是这种机器人。他说当时在课程上做的胡萝卜机器人没有成功，因为他发现胡萝卜的苗和草不容易区分，所以他现在做了个生菜机器人，现在美国 10% 的生菜地都是用他的机器人。上面装了 36 个摄像头，然后用 GPU 去跑神经网络，来识别什么是苗，什么是草。这是一个很有趣的例子，但是这个小例子反映了大的时代背景。这个大的时代背景有的人觉得就是人工智能革命。人工智能革命即我们通常讲的产业革命，前面有三次产业革命，蒸汽时代的革命、电气革命，以及信息时代的革命。如果说现在是第四次革命，这次革命有什么不同？我想有一个很大的不同是它可能要诞生新的物种，这个新的物种让我们思考，思考什么？重新思考人跟机器的关系，因为过去几次产业革命都是产生技术、系统、机器，它是以人为中心，延展人的体力和脑力。实际上它可以让你跑得更快、飞得更高、通过互联网看得更远。但是今天人工智能革命所产生的机器与系统，不是以人为中心的，它可能是坐在人的对面跟人下棋，甚至下得比人还好。这样一个系统的一个显著的特征是什么呢？它是自主的决策和行为。这个自主非常重要，它在一个不确定的环境里面能够自主做决策，能够理解这个不确定性是什么。比如说在产业线方面，过去传统的工业都是在一个标准的流水线上去完成标准的工作，那么对于未来的柔性机器人，每个产品在产业线上都是不一样的，每个产品都是个性化的，面对不确定性的情况，它能够把不确定的问题变成标准的问题，这就是柔性机器人自主决策和行为的能力。

刚才我不停地讲到机器人，我必须说一下机器人这个词可能是不对的，在中文的语意里面，我们把 Robot 翻译成机器人。我们看剑桥词典是怎样翻译机器人的，它指的是可以自主地完成任务的机器。所以"Robot"实际上是智能的机器，它没有"人"的概念。那在英文里面有没有机器人这个概念呢？我看到大家都在拍照，可能有一半的手机运行的是安卓的系统，安卓（Android）这个词的意思是"a robot"，是长得像人的 Robot。也就是说人工智能要构建的未来是无处不在的 Robot，但是并不一定长得像人。未来这种 Robot 因为有传感器、处理器、算法，它能够自主地去感知环境，能够自然地与人交互，能够实时地去做决策、做控制。一个具体的例子，自动驾驶，几年前我在百度启动自动驾驶的项目，当时我们想未来的车，它实际上就是在四个轮子上的 Robot，装上传感器、处理器与算法，它能够知道周围的环境、路况是怎样的，能够自主地去做决策。未来的这种 Robot 可能无处不在，这只是一个小小的例子，在我们的生活中，它会不断地出现，这是一个未来。

我们在思考人工智能发展最本质的东西是什么的时候，我希望用两方面给大家启示：一方面是人类的近亲猩猩，另一方面是人类。人类不断地探索，包括知识的、物理的、太空的边界；猩猩看起来有强健的肌肉、骨骼，但是所处的境遇如此不同。对于人来讲，我们的不同并不是因为肌肉强大、骨骼灵活，而在于我们有非凡的大脑。大脑实际上主要完成的是感知、认知、决策这些问题。这些问题的本质还都是算法，里面所有的生化的反应所完成的都是运算，所以从计算机科学的本质来讲，我们要去实现人工智能，它具体的物理形态其实并不重要，最关键的是我们怎样实现智能的算法，使得机器具有感知、认知到决策的可能。

刚才王飞跃老师也分享了整个人工智能的一个发展过程，从古希腊时期到现在的历史，我现在更多地从计算机科学方面来回顾过去 60 年时间。从 1956 年"人工智能"这个词第一次被提出来，基本上可以简单地划分成两个阶段。第一个阶段是前 30 年，从 1956 年一直到 20 世纪 80 年代末，主要是基于逻辑规则的、专家系统的、知识驱动的人工智能；从 20 世纪 80 年代末开始到今天，越来越占主流的是数据驱动的人工智能。

如果我们顺着数据驱动的人工智能这条线，刚才王飞跃老师也提到最初是从感知机开始的，从模拟单个的神经元的行为来建立数学模型，这样一个数学模型在当年是用一个庞大的机器来实现的，那个时候的计算机远没有今天这么发达。但是那个时候《纽约时报》的记者已经有了充分的想象力，对于原始状态的感知机，他说未来这样的一台机器可以走、可以看、可以说、可以写、可以自我复制，这是一个具有充分想象力的想法。到今天为止，自我复制还不太可能，但是如果真能自我复制，也许奇点就临近了。

那感知机能干什么？假设一个简单的分类问题，一边是橘子，一边是苹果，我们找到线性的规律来区分它们。但是现实世界往往不是那么简单，如果你找到线性的分类器，那这里面就有一个是分错的。所以感知机虽能找到线性的分类器来处理，但是对于很多现实纷繁复杂的问题它并不一定能很好解决。刚才王飞跃老师也提到了，闵斯基（Marvin Minsky）有一个论断，说感知机并不能解决非线性分类的问题。这样的一个论断把整个学术界对人工智能，尤其是对感知机、深度神经网络的热情打入冷宫，让整个行业发展减缓了十几年。直到 20世纪 80 年代末大家发现单个的感知机是不能做复杂的非线性分类问题的，但是把很多的感知机组合在一起，尤其是形成隐层的单元是能够做非线性分类的。也就是说，单个神经元不能做复杂的问题，但是如果把很多神经元形成一个复杂的网络结构是可以做到的。这非常重要，这样一个发展使得数据驱动的人工智能从 20 世纪 80 年代末真正走上历史舞台。这里面最著名的一个学者就是 Geoffrey Hinton，他跟他的一帮同事、弟子在 20 世纪 80 年代末倡导了这个概念。

我给大家举一个简单例子，说明为什么一个神经网络加入了隐层单元，线性不可分就变成线性可分了。比如说我们还是把橘子和苹果分开，在原来的表示空间里面它是一个非线性的分类问题，但是如果我增加一维，也就是增加第三维，第三维是点到中心的距离，这样你就有三维空间来表示。因为引入了新的隐层，所以在三维空间它变得线性可分。这是一个简单的弹性分割。在 20 世纪 90 年代，围绕这样一个思想，研究学者研究神经网络（Neural Networks）、径向基函数网络（RBF Networks）、学习矢量量化（Learning VQ）、提升（Boosting）、支持向量机（Support Vector Machine），尤其是 Boosting 和支持向量机，几乎 90% 的学术文章都是关于此。那个时候发展出了机器学习和自然科学的关系，很重要的一个发展是学习理论（Learning Theory），学习理论就是把统计学里的大数据和机器学习里面的函数学习关联，这里面重要的人物有统计学的教授 Grace Wahba，还有统计学习理论的奠基人 Vladimir Vapnik。

从 2006 年开始，从简单的感知机到有单个隐层单元的神经网络，我们开始倡导具有多层隐层结构的神经网络，这就是今天我们所讲的深度学习。深度学习的倡导者同样还是 Geoffrey，这个人很了不起，在 20 世纪 80 年代末倡导神经网络，神经网络在 20 世纪 90 年代的时候非常不流行，几乎所有的文章，如果是跟神经网络有关的，一定是被退回的。然后到 2006 年的时候，他把神经网络这个词换成深度学习重新来卖，结果成功了。所以怎样去卖东西，取一个好的名字还是很重要的。

深度神经网络与我们的大脑有一些很有意思的关联，尤其是处理视觉的信号里面，我们发现若用大数据去训练卷积神经网络，实际上它与视觉神经网络所表现出来的行为是非常相似的。我还是更多地从统计学习的角度来讲一下深度神经网络。我们讲一个模型效果的好坏，最主要是用推广误差衡量，所以推广误差就叫 Generalization Error，意思是我们评价这个模型的效果，并不是在训练过的问题上去评价，而是在未知的问题上去评价。比如说我的小孩，他在美国出生，到中国来读一年级。一开始他的成绩并不那么好，他有一次跟我说："爸爸，我这次考试成绩非常好，97 分。"我说："不可能，你中文那么差。"他说是因为这次考试的题目和昨天考试的题目一样。所以真正去评价一个机器的效果怎么样，一定要在未知的问题上面衡量它，这就是推广误差。一般来说，我们设计一个好的学习模型，要找到它误差的来源，找到来源就可以控制它。第一个来源是什么呢？任何学习的模型都一定要做一定的假设，没有假设就没有学习。比如说中国有一句古话叫"近朱者赤，近墨者黑"，这里就有朴素的假设：两个相似的物体或事物具有相似性。这样的假设往往是不完美的，任何一个假设都不是对复杂世界的完整表述。这种假设的不完美会导致所谓的近似误差（Approximation Error）。另外一个误差的来源在于数据的不完美，你的数据可能是有限的，是有噪声的，是有偏的。数据的不完美会导致近似值（Approximation）出现。这两个模型的误差来源会导致推广误差。这属于经典的统计分析范畴，但是这里面隐含一个假设，就是我们有无限的计算资源，假设我能解决这个计算问题，那么误差就来源于这两个方面，但如果从工程的角度来讲，从神经科学的角度来讲，实际上我们面对的问题是计算永远是不完美的，所以我们一定要引入第三个计算模型：优化误差（Optimization Error）。这个误差的来源是什么？比如说在公司里面我交给员工一个任务，我的员工跟我讲："老板，这个要用 1000 台机器算半年。"我说："不行，我只有 50 台给你。"他说："那我要算两年。"我说："不行，你今天不做完不能下班。"这是很常见的问题，计算资源总是匮乏的，你今天设立的这个问题很有可能是算不完的，或者是算法复杂度太高。这是算法的不完美带来的。

如果从三个角度来讲，第一是近似误差要用更复杂的模型，第二是估测误差要用大数据（Big Data），第三是我们要设计一个适度的（Scalable）算法。

我们来看下面这个图，横轴是数据规模，纵轴是效果。传统的人工智能的算法随着数据规模的增长效果不一定变好，原因可能是算法复杂度太高，所以数据多了算不动，还有一种原因是它的模型不够复杂，会造成近似误差比较大。但是深度学习处于一个非常巧妙的地带，就是随着数据的增长它能找到一个很好的算法，这个算法叫随机算法、随机优化，它能够用很多的数据来训练自己使计算能够完成。另外，这个模型充分复杂，它的模型偏差（Model Bias）非常小，所以找到一个非常巧妙的组合，使得它非常适合大数据处理。

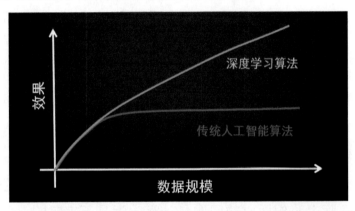

深度学习在过去几年推动了几个革命，第一个革命是计算机视觉革命。因为卷积神经网络使得计算机视觉化，尤其是图像识别以不可想象的速度往前发展，比如说过去在很有名的 ImageNet 上面，每一年人类算法所达到的错误率在不断降低，降低到什么阶段呢？斯坦福大学研究学者研究得到了人类的效果，但是现在的算法实际能做到比人类还好。第二个发生革命性的领域就是语音识别，由于深度神经网络这样端到端的技术的发展，语音识别已经从 2012 年我成立的百度的语音团队的 85% 的正确率提高到今天的 97%，这是对于纯正的普通话而言。所以我认为在 5 年的时间里面语音识别的问题会被解决。这个是自然语言处理，具体我就不多讲。

另外一个是在今年，公众开始关注一个新的东西，叫增强学习（Reinforcement Learning），这个增强学习跟刚才讲的语音、图像和自然语言不太一样，之前讲的是感知（Perception and Recognition），而这个是关于决策的。它关乎怎样去构造一个很优美的模型，让一个系统在一个环境中连续做决策，去优化一个长期收益问题。典型的问题是我们做投资，比如说每天投资者买什么、卖什么，买多少、卖多少，你去优化的不是明天的收益。对于巴菲特来讲，优化的是 20 年以后的收益，都是长期收益。这样一个问题可以看成是什么呢？是一个博弈论（Game Theory）的问题，是投资人与市场的博弈。这样一个问题被 Google 的团队很完美地应用于下围棋上面，取得了巨大成功。这个是把增强学习、卷积神经网络跟深度学习完美结合的典型范例。深度学习无疑取得巨大成功，但是还有一个很重要的东西，比如说今年的增强学习使得大家也开始关注到除了深度学习网络之外的很重要的人工智能的一些方面。我认为其中很重要的一个方面就是刚才王飞跃老师提到的朱迪亚·珀尔的因果推理（Causality Reasoning），他做的贝叶斯式图形模型、贝叶斯推理。典型代表是什么呢？它让我们对世界的物理性思考应用在人工智能里面，而不是完全的数据驱动。尤其对于决策，这是非常重要的。

我想分享的另外一个问题是我们需不需要考虑，因为所有的计算问题在背后支撑的都是处理器，在过去，摩尔定律、CPU 的发展，驱动了整个信息产业 30 年时间的高速发展。但是我们也知道摩尔定律现在已经不再适用了，英特尔也是官方地宣布摩尔定律现在已经从 18 个月延得更长了。我们要去思考我们是顺着 CPU 的思路做通用计算，还是要用感知去做专用的处理器架构。这个问题其实很有意思。我们也启发一下自己，人类的大脑实际上是解决通用问题的通用架构，还是一个解决专门问题的专门架构？这里我想问一下在座的各位，你们认为人类的大脑是解决通用问题的通用架构，还是一个专门的处理器？认为是通用处理器的请举手。好，绝大部分都举手了，因为人类大脑看似无所不能。但是你能够回答这样一个问题吗？其实人类的大脑是有很强的局限性的，它的架构、它的计算是被长期优化的，优化为种群繁衍所需的技能，在很长的时间里你不需要解决这么复杂的问题，你只要能把手里面有几个草莓数清楚就可以了。

我再给大家看一个例子，这是一段中文，"研究表明，汉字的序顺并不定一会影阅响读。比如当你看完这句话后，才发这现里的字全是都乱的。"这很奇妙对不对？非常奇妙。这发生了什么？实际上这里说明人类的大脑有一个特殊的结构，就是我们在处理图像信息的时候它是并行处理的，它不像现在的 CPU 处理实际上是整个的扫描，它是并行处理的，所以你对顺序是不敏感的，你对顺序的敏感性实际上是来源于你后天发展出来的语言模型。大脑作为一个自然的处理器，是专门对这些东西做加速的。举个例子，我们的视觉信号从采集到最后的高层处理，实际上它的传导大概是在几百毫秒，大家想想看几百毫秒是这么慢，但是你还可以打乒乓球，你还可以开车，所以这里面有特殊架构去加速它的计算。在处理器的设计里面，如果我对一个专门的任务做特定的设计，它实际上可以有 2~3 个数量级的提升，如果你做得越通用，问题就在于，它的效率可能会被牺牲，这个区域，就是 CPU 的区域，就是专用处理器的区域。

我想给大家分享一个故事，Allen Kay 是美国施乐研究院的一名研究员，他讲过一句话大家其实经常引用："预知未来最好的方法就是创造未来。"（The best way to predict the future is to create it）他也拿了图灵奖，他发明了什么呢？GUI，他发明了 Smalltalk，Smalltalk 是第一个面向对象的编程语言。他的 GUI 启发了两个伟大公司。如果看《乔布斯自传》就可以看到这个故事，乔布斯的原话是说他跟比尔·盖茨跑到一个地方偷了同一个东西，这个就是 GUI，当时涌出了两个最主流的操作系统，一个是 Windows，一个是 IOS。Allen Kay 其实还有一句话是我非常同意的，就是说如果你对这个软件真的是非常认真的话，那你应该做你自己的硬件，就是软硬结合。现在有一家公司在非常忠实地践行，这家公司大家肯定都知道，是苹果，操作系统自己做，处理器自己做，上层的应用平台自己做，所以这样才能达到无与伦比的可靠性和用户体验。同样的，现在有一个新的计算的范式迁移，刚才也讲到 Google 白板的故事，因为数据驱动计算现在越来越成为主流，比如说中国有家公司叫海康威视，是一家市值 1600 亿元的公司，非常成功，他们在做视频分析服务器，在视频分析服务器里放 1 个 CPU、20 个 GPU，英特尔觉得这是在开玩笑，因为在服务器行业里，英特尔一直是主流，它突然发现在未来的计算行业里自己是唱配角的，而做 GPU 的这家公司是当今世界上，整个半导体行业、整个 IT 行业里面股票增长最快的，大家可以看到它的售价，在两年时间里从 16 美元涨到 64 美元。这其实反映了整个计算的进化，这就是我在互联网行业里经历的一些小故事。

在 2011 年，Google 建立了 Distbelief，当时主要的领导是 Jeff 和 Andrew Ng。Andrew Ng 后来加入百度成了芯片专家。那时候 Google 相信能用 CPU 并行做大规模的深度神经网络计算，但是事实证明他们的项目是失败的。在 2012 年，百度开始用 GPU 做大规模深度神经网络计算。前几天 Nvidia 的 CEO 在中国还做了一个演讲，他讲百度是 Nvidia 最早的一个用户，在五六年前就开始大规模地用 GPU 做深度神经网络计算。在 2014 年的时候百度发现用 GPU 做训练比较适合，但是做前项预测需要更好的架构，百度内部这个项目开始用 FPGA 来做，部署了几万台服务器去做深度神经网络前项预测，这个都不是广为人知的，因为项目也比较保密。在今年 7 月份的时候，Google 宣布他们也在做类似的事情，他们在做 TPU，做专用的处理器架构，做神经网络计算。这样整个业界都开始广为关注这个事情，看来是有必要做专门的深度神经网络计算，去思考架构的问题。

我们 Horizon Robotics 希望做的是定义深度学习的架构和软件操作系统，使得上面人工智能的应用能够提升上千倍的效果。其中最重要的一个应用领域就是自动驾驶，因为自动驾驶所面临的问题是一个非常丰富的信息维度问题，这里面的传感器，比如说我们讲摄像头传感器，后向的、前向的，现在特斯拉从前向的 1 个摄像头变成 3 个摄像头，然后两边的环视摄像头，差不多 10 个摄像头。再加上中距雷达、远距雷达，还有激光传感器。这是一个海量的数据，未来实际上你需要的是跑在四个轮子上的数据处理中心。今天你打开百度的无人车或者是 Google 的无人车的后备厢，会发现它里面塞满了各种机器，将来这样的车且不说散热问题，连放行李箱的位置都没有。所以一定要做高性能、低功耗、专用的处理器，才能够实时处理海量的数据，才能有保证。比如说在一个自动驾驶的车里面，它所看到的环境是车道、汽车、每一辆车跟你的非常精确的距离。中美之间的挑战是不一样的，最大的区别是美国的路上人很少，所以我们的团队认为如果能在中国做很好的自动驾驶技术，它有可能就能实现全球化了。

我稍微讲这样一个具体的例子，其实刚才也提到了，特斯拉最近出了一个事故。事故的原因是什么呢？是一辆大卡车突然横切到车的前方，然后它展现出来的就是一个大白墙。一般来讲，对于特斯拉用的技术，其实如果整个卡车全部在摄像头里面它是能识别的，但如果只是车的一部分实际是识别不了的。这样的话，除了对车的识别以外，其实我们还需要去识别什么是可行驶的区域，如果你能识别可行驶的区域的话，把这些结合起来就能得到更好的结果。因为尽管你可能不知道这是什么东西，但是你知道这个地方是不可行驶的，这样的话能得到更加理性的结果。可行驶区域包括能够区分这是不是法律上可行驶的区域，即使在物理上是可行驶的。我们公司在德国的各个路况上做过测试，福布斯对我们公司进行了报道。这很有意思，它讲 Google 在做神经处理器 TPU，然后讲中国公司 Horizon Robotics 也在做类似的开发。刚才提到的卷积神经网络发明人，也是 Facebook 人工智能实验室的负责人，Yann LeCun，也转载了这个报道，他说余凯的公司在做神经网络芯片，但是他写错了一个字，他写的是无人驾驶猫（英文"车"与"猫"拼写相似）。

我们面对怎样的一个未来？我们看整个机器行业从 PC 互联网到移动互联网的发展，PC 互联网整个计算是在桌面上的，所以那时中国大概只有不到 1 亿的网民。在今天，中国有 9 亿网民，为什么？因为我们进入了移动互联网时代。移动互联网让每个人口袋里都有一台电脑，并且是接入网络的，这样一个移动互联网所带来的规模和效应是 PC 互联网时代的 10 倍以上。所以在中国，凡是对移动互联网拥抱得特别好的，比如说腾讯、阿里巴巴，因为移动社交、移动电商，它们变成了一个市值 2400 多亿美元的公司，远超 PC 互联网时代的王者。人工智能的发展，会使得未来整个网络从手机渗透到各个生活场景，这并不仅仅是联网，而在于让车、让玩具、让冰箱互联，比如今天看到的新闻说美的和阿里在做智能化冰箱，让冰箱变成自动的生鲜采购终端。这些实际上丰富了场景，因为终端的智能、网络的接入，我们整个互联网接入的节点比移动互联网要增加 10 倍，所以今天时代的王者一定比那个时代的王者的经济规模更加巨大。这里面不仅仅是联网，而是人工智能使得更多的终端变成真正的智能，可以接入数据。这在我看来，是未来 10~20 年最大的产业机会。

谢谢大家。

余　凯
理解未来第 21 期
2016 年 9 月 10 日

|对话主持人|

Philip Campbell　博士、施普林格·自然主编

|对话嘉宾|

Jeffrey Erlich　上海纽约大学神经科学助理教授
高国征　方达律师事务所合伙人
王飞跃　中国科学院自动化研究所复杂系统管理与控制国家重点实验室主任、研究员
余　凯　地平线信息技术公司创始人兼首席执行官、未来论坛青年理事
张　峥　上海纽约大学计算机科学教授

Philip Campbell：首先是诚杰（Jeffrey Erlich）博士，他是神经认知学助理教授，来自于上海纽约大学，请就座。还有高国征博士、王飞跃博士、余凯博士，请就座。还有张峥博士，他也来自于上海纽约大学，是一名计算机科学家。我想先让诚杰博士介绍一下自己，介绍一下对人工智能的未来是怎样看待的。

Jeffrey Erlich：我是神经科学家，研究决策。我今天非常激动，能够讨论这样一个话题，我觉得现在我们有一个非常好的模拟环境。对于神经科学来说，它与人工智能息息相关，现在它能帮助我们了解更加复杂的大脑。

Philip Campbell：张峥博士能否介绍一下自己？讲讲人工智能能为我们带来什么。

张　峥：我是两年前来到上海纽约大学的，之前我做大数据系统。在4年前开始研究深度学习，也在不断地对人工智能进行研究，这个领域已经变得非常流行了。对于你的问题，它事实上是有两面的：一面是作为工具可以为我们做很多的事情，另一面是它可以帮助我们了解自身。比如可以用一个神经网络去复现某些行为，实际上实现了一个透明的可观察的网络。所以我对于人工智能非常看好。

Philip Campbell：好，谢谢！今天的嘉宾演讲，让我们了解了人工智能发展背后的一些故事，同时也让我们对未来世界如何发展有了一定认识，我想再推动大家去思考一下，在接下来的 5 年，你觉得人工智能带来的最大的影响是什么？可以谈谈你最喜欢的正面的影响。你觉得人工智能会给社会带来哪些重大变化？比如说对人们的职业、社会运行方式或者是经济上的影响。就从张峥博士开始回答吧。

张　峥：余凯博士刚才已经谈到了这样一个问题了。我想说的是，和人工智能共生存是一个技术之外的挑战，尤其是法律，这不止于作为一个智能助手解决刚才律师所谈到的问题。一个经典的例子就是你的智能汽车，在可能出车祸的时候是保护你还是保护行人？事故的责任在谁？我希望看到也觉得能发生的是对医疗、健康的影响。

余　凯：我觉得 5 年以后，人工智能的技术将会让我们的生命更加安全。在很多方面是如此，首先是在交通方面会更加安全，全球每天都有很多人死于交通事故，这一点使得我们的交通系统效率非常低，而这也带来了巨大的成本损失。我认为在中国，我们的公共安全也是另外一个问题。针对这一点，人工智能也会影响到我们的医疗，它也会让我们的医疗更加先进。所以总的来说，它会让我们整个人类社会更加安全，同时让我们的生活更加便捷，便捷将会是它的第二大影响，同时也会让我们整个生活方式发生改变。

王飞跃：我觉得，如果真用了智能技术，5 年以后北京就不会有交通堵塞了，这是我希望看到的。

Philip Campbell：好的，那我们打赌吧，你愿意打赌吗？

王飞跃：我不确定，我希望北京会没有交通堵塞，这不是打赌的事。我的第二大希望是没有医患的矛盾，我希望有更多软件定义的医生（Software-defined Doctors），人工系统平行医院的构建将帮助人们"订制"他们自己的医生，实现数据驱动的家庭护理，这样的话每个人在家里就能够看病，不用受地域的影响，看病也能够更加及时。另外，未来的交通也会更加便利，去医院会方便，不误事。

Philip Campbell：高国征博士，能否谈一下你的观点？总结一下，刚刚他们谈了一个是医疗、一个是交通方面的，接下来作为律师能谈谈你的观点吗？你觉得 AI 能为你的客户做些什么？

高国征：在 20 世纪 90 年代的时候，大众汽车有这样的一个测试系统，10 辆车是可以同时高速行驶的，而且要求非常安全。这是当时的一个理念，是当时做过的一个实验，当时大家在思考，也许我们有一天能在世界范围内解决所有的交通问题。对于这样一个问题，就像我刚才所说的一样，我觉得有了人工智能是可以轻易办到的。但是非常遗憾的是，我们现在还是有这么多交通事故，我觉得这是不应该发生的，因为有了人工智能应该是很容易解决这样的问题的，但还没实现。所以从这方面来说它是可以改善交通安全的。另外，对于我的职业而言，我想在未来的 5 到 10 年，人工智能可以帮助我们去做更多的研究，能够帮助我们针对某一特定课题去做更多深入的研究。

Philip Campbell：Jeffrey？

Jeffrey Erlich：我首先作为科学家，然后作为一名普通市民来回答这个问题。首先，作为科学家，我是非常激动的，因为我们现在有很多的传感技术，今天上午大家也谈到了很多与传感相关的技术。因为现在面临的难题是很难获得全面的数据，所以作为科学家，我希望机器学习能帮助我们解决数据收集的问题，比如神经科学和神经生物学领域的问题。另外，作为普通市民，我希望可以实现实时的翻译，也就是实时的机器翻译。从全球安全和不同文化之间交流的角度来说，让地球上每一个角落的每一个人都能进行实时的沟通交流，这能改变世界。

Philip Campbell：这是个经典话题了，大家都很乐观，觉得人工智能能够改善我们的生活，让我们有更加美好的明天。就个人而言，我觉得最令人担心的，也是刚才高博士所说的，就是机器会不会取代人类，到时候可能就不再需要我们这样的人类编辑了，也不再需要那么多人了。确实有人担心这些由机器带来的影响，人工智能可能会取代他们的工作。比如说我们会有自动化的网络去工作，它们会取代很多工作，中国也需要思考这个问题。所以我要再次问各位，你们个人担心什么？你们认为中国最应担心的是哪一点？针对人工智能与人类社会的关系，要如何处理这样的问题？从张博士这边开始吧，你觉得中国最担心什么？你自己最担心的是什么？就未来几年而言。

张　峥：事实上我认为人类相当棒。纵观我们短短的历史，每次大灾难发生之后（比如几次世界大战），作为一个整体，人类会变得更强大，并拥有了更好的技术。所以我感觉总体还是非常乐观的。对于中国，老实说也许这并不只关乎技术发展，还关系到稳定、教育，乃至民主。

Philip Campbell：余凯？

余　凯：我想到了两件事，第一件事是整个科学的教育、科技的教育。现在我也会经常收到一些记者的提问，让我对中美做一个比较，我想说现在在美国差不多所有的学校都有做 AI 的课题项目，有很多的企业也都在做；而在中国我们可以看到，即使是顶尖的大学都还没有人工智能的相关课程，这非常荒谬。在中国也是有不少企业做 AI，但也只是些大型企业，中小企业很少做。对于这样一个特别的领域，我们首先要问自己一个问题，我们是否有相关的人才库？这个国家是否在实现持续改进，而不仅是某一时间段的改进？

第二点我要谈的，就是隐私问题。现在越来越多的人工智能公司，包括 Horizon　Robotics（地平线信息技术公司），都做得非常成功，未来感知、传感可谓无处不在，在每个设备上都有搭载，它们也许会遍布你生活的每一个角落，浑然成了你生活不可或缺的部分。但是这样问题就来了，你买这些设备回来使用，但设备同时也可能泄密，买设备的钱是你自愿掏的，这个设备又是你自己的，这是不是会有矛盾？另外，在中国我们还会考虑到注册的问题，技术也是另外一个方面的问题。

Philip Campbell：在这里，我想提一个问题，对于你现在的关注和顾虑，在中国，人们是怎样看待的？在法规方面会不会有什么新的动作？

余　凯：这个问题我觉得高博士可能会有更多的见解，因为他是律师。就我个人角度，我觉得在中国，整个国家、整个社会对于隐私并没有那么关注。我想说对于一些企业，这里的风险是很大的，他们声称会保护隐私，而在实际操作中，情况却是恰恰相反的。这就是我的顾虑。

Philip Campbell：王飞跃博士，您的观点是什么？

王飞跃：我并不觉得我们需要如此忧心这个问题，这有点杞人忧天。对于像隐私这样的问题，我觉得它现在是一个在虚拟国度里面突显出来的新型法律问题。中国还有很长的一段路要走，目前最重要的还是要从教育着手，实实在在地做事，让每一个人都做好自己的事情。因此，我并不担忧隐私的事，尽管相当长的一段时间还会是一个不断出现麻烦的话题。

Philip Campbell：没错。下面请高博士谈一下。

高国征：从法律的角度，我觉得任何经济体的发展，总会带来新的法律问题，但是这些问题总是可以被解决的。比如当年因特网出来时，人们也担心它会不会带来有关版权的问题，但是现在立法的速度与过去 10 年相比已经提高了很多，我们现在有越来越多的技术不断地涌入，立法的速度非常快。我们现在并没有过多的担心，当然法律会稍微滞后一点，但是它很快会跟进的。尽管我们会有法律修正的空白期，但是现在的法官们还是会做出非常明智的裁决的。

Philip Campbell：Jeffrey？

Jeffrey Erlich：从我的角度而言，我觉得人才非常重要，就业是很重要的问题。比如说在美国，司机在过去很长一段时间里，对于那些没有多少学历背景的人来说是非常好的工作，但是在像马斯洛提出了无人驾驶汽车之后，可能会导致很多人失业。所以我在这里的建议是，无论你是开发 AI 也好，投资 AI 也好，都应考虑到这可能会导致另外一部分人失去工作。可能我也会考虑到全民基础收入问题，包括社保方面的问题，这是就短期而言的，未来 5 年内我会考虑的问题；长期而言，我会考虑一些伦理方面的问题，我们可能会考虑是不是会催生一个新的所谓的奴隶制社会。当我们的 AI 越来越成熟、越来越精深时，也许就会再一次导致奴隶的出现，所以我们还是要小心。当我们推动人工智能系统产生的同时，要当心它会不会带来其他的问题。

Philip Campbell：我要问大家最后一个问题，需要把神经科学和人工智能联系在一起。我们知道神经科学在人工智能开发中扮演着重要角色，它影响了 AI 的发展。现在神经科学变得越来越强大，那么现在神经科学和 AI 之间是否已经对接上了呢？

Jeffrey Erlich：我想的确是如此，神经科学家和计算科学家之间是有交流的，比如张峥组织的一个 AI 论坛提供了两者之间交流的平台。但是也有困难，后者需要更多地了解大脑，而计算科学家更多地是想解决问题，包括自然语言处理、无人驾驶汽车等。要让他们找到共同的语言是很不容易的，但是我们还是可以找到合作点的，包括之前的演讲者威廉·哈兹尔廷所说的，通过嵌入式芯片，能够帮助聋哑人恢复听力、帮助盲人恢复视力等。也许在未来，人工智能甚至能帮助人们改善他们的记忆或者其他认知功能。我们把这称为 BPU（Brain Processing Unit）。这些大脑处理机也许在未来 15 年内就会出现。使用这些人机界面甚至可能帮助我们解决大脑的感染问题。

Philip Campbell、Jeffrey Erlich、

高国征、王飞跃、余凯、张峥

理解未来第 21 期

2016 年 9 月 10 日

第五篇

大数据驱动下的变革

随着物联网（Internet of Things，IoT）的开启、数据的大爆发，2016年我们真正步入了大数据时代。未来，整个城市从智能交通到能源管理，从政府财政到医疗体系、工商系统都将产生一系列的变革。而商业的营销模式，未来创业的发展方向又将受到怎样的影响？大数据究竟可以用来做什么？是一种新的数据处理方法，还是商业运营中更加科学、智能的一种体现？

邢 波 | 卡耐基梅隆大学计算机科学学院教授
        | 卡耐基梅隆大学机器学习系副系主任

分布式大规模机器学习平台公司 Petuum 的创始人和 CEO。主要研究兴趣集中在机器学习和统计学习方法论及理论的发展，以及大规模计算系统和架构的开发，以解决在复杂系统中的高维、多峰和动态的潜在世界中的自动化学习、推理及决策问题。目前或曾经担任《美国统计协会期刊》（*JASA*）、《应用统计年鉴》（*AOAS*）、《IEEE 模式分析与机器智能学报》（*PAMI*）和《PLoS 计算生物学杂志》（*PLoS Journal of Computational Biology*）的副主编，《机器学习杂志》（*MLJ*）和《机器学习研究杂志》（*JMLR*）的执行主编。曾担任美国国防部高级研究计划署(DARPA)信息科学与技术顾问组成员，曾获得美国国家科学基金会（NSF）事业奖、Alfred P. Sloan 学者奖、美国空军青年学者奖、IBM 开放协作研究学者奖，以及多次论文奖等。曾于 2014 年担任国际机器学习大会（ICML）主席。

为人工智能装上引擎

我想先感谢未来论坛委员会和武红女士对我的邀请，也感谢京东主办这个讲演。这个时机是很有意思的，因为前几天 AlphaGo 的人机大战，跟我的题目正好关联。我首先想解释一些事情，我长期在国外教书，中文有点儿不太流利，这是我第一次用中文写 PPT，所以要是有文法错误，或者是错别字的话，请各位谅解。

在大概 200 年以前，1830 年 8 月 28 日，在美国巴尔的摩曾经举办过一场很有意思的比赛，在那场比赛中出现很少见的情况，就是机器和动物站在同一个起跑线上。一边是火车，当时蒸汽机时代第一个

皇冠上的明珠；旁边是一辆马车。当时就有人打赌，这个蒸汽机的怪物不可能超过马车，因为马车我们已经用了几千年，感觉很好使，坐着也很舒服。当然结果是可想而知的，火车远远超过了马车。这就引起民众的恐慌，他们会觉着这个钢铁的怪物会不会碾压我们的庄园，碾压原野和景观。当然，现在我们把坐火车已经当成很平常的事情了，当时人们的忧虑显然是没有什么道理的。

在上个星期，大家也经历了同样的一场震荡，Google 的 AlphaGo 和一位韩国围棋选手进行了所谓的"人机大赛"，而且是以大比分取胜，显然公众舆论有些惊恐或者是疯狂，尤其在中国，这样惊恐疯狂的表现非常强烈。我看到的一个情况就是：人工智能从教科书里面的内容或公司高度机密的研发部门的一个高度专业的工作，变成受到不仅是科学家和研发人员，而且是公众和舆论巨大关注的题目，这给我下面的讲座带来了些压力。我本来想讲一个很技术性的工作，但是这次，我不得不承担一个解释一些误解的义务，同时有一些事情也要被正确理解，以正视听。在此就人工智能对人类的影响以及两者的关系，给大家讲一下个人的看法。

我讲演的题目叫做：为人工智能装上引擎——兼忆格拉丹东的登山之旅。就像我刚才讲过的，我原来比较习惯于做纯技术性的、干货比较多的讲座，很少讲故事。这次场合比较特殊，所以我也希望借这个场合不光讲人工智能，也跟大家分享一下在我记忆深处的一个跟人工智能发展似曾相识的故事，就是登山的故事。我会对人工智能的发展和未来分享一下我个人的看法。这里，我特别要感谢几位跟我很要好的同事，Qirong Ho 博士，他是新加坡人，是我前年毕业的博士生，他是 Petuum 这个工作主要的发明人；Jun Zhu 教授，他原来是我的博士后，现在在清华大学做人工智能的教授；Ning Li 女士，是我当年登山的一位队友。他们为我准备这套 PPT 提供了很多帮助，所以我现在先向他们表示感谢。

人工智能起源于人们对于智能机器的梦想，在古代，人们很希望能够产生一种聪明的机器。亚里士多德曾经说过，如果一个机器自己能干很多有用的事，岂不是可以让人类解放出来，我们可以不用奴仆、不用工匠就能做成很多事情。他的观点是相当乐观、积极的，他希望机器能够完成人类的一些功能。沿着这个道路，古代的工程师用齿轮、发条等做过看似有点像机器人的设备，他们可以经过特殊的编程方式，让它们来执行一些任务，这是古代很常见的对人工智能的愿景。

30多年前我还是一个小学生的时候，第一次从一部叫《未来世界》的科幻电影中接触到人工智能。那个时候的情景是有点儿恐怖的，一个来自那部电影的视频片段令我至今印象深刻，跟大家分享一下（视频截图）。

未来世界？

"……你不会伤害达拉斯；
你会按照达拉斯指令你的一切去做；
你会消灭你的原型（人）……"

电影的主要思想是，人工智能最终会毁灭人类生存的社会和文明。

这就提出来一个问题：亚里士多德的观点和这个电影提出来的观点到底哪一个是更科学的见解？哪一个是更可行的、未来的人工智能的方向？或者它是不是正在被人工智能的工程师和学者们实践？这是大家都关心的问题。

所以，我要简单地回顾一下人工智能的起点。人工智能成为一门显性的、严格的、系统的、可实现的科学和工程的一个领域，得益于20世纪逻辑科学、计算机科学、信息论、控制论等很多学科的发展和交汇。它基于一个很基本的假设，即人的思维活动是可以用机械的方式替代和完成的。其实机械推理这个学科在古代中国、古代印度，甚至西方都有很多人涉及。到比较近的年代里，德国的数学家莱布尼茨、法国的数学家笛卡儿，他们都曾经尝试过把人类的思维活动用一种像数学或者几何这样严格的科学体系来描述。到20世纪初，英国哲学家罗素曾经写过一本很有名的著作《数学原理》，在这本书里，他对数学的基本原则做了形式化的描述，而且他的工作后来甚至被进一步推广。希尔伯特曾向数学家们提出一个挑战，说能不能把所有数学知识都用一种形式方法、形式逻辑进行描述，这个问题后来也被解决。后期哥德尔、图灵、邱奇的工作都是向人们展示，实际上你可以用一种简单的只会做二元运算的机器来模拟所有的数学逻辑的证明，这是很强大的推理，这一切工作的推动导致计算机这一新的工具的发明。我们就会问，计算机的发明到底将导致什么样的人工智能呢？一种预见是它可以产生功能性的人工智能，帮助人做很多人不愿意做或者做不太好的事情。同时，也有这么一种可能性，它也许会无限接近人的思维方式，甚至是感情活动，以致最终代替人。这为我们人工智能研究提供了很有意思的问题。

在以后的人工智能的发展中有很多故事，我想起我年轻的时候一段很难忘的经历，这里我穿插讲一下。我大学三年级的时候很喜欢运动，而且热衷于冒险，所以那时候我心里有一个梦想，我希望能够成立一个登山队，到西藏爬一座从来没有被征服过的处女峰。这座山找到了，就是在长江源头的唐古拉山的主峰，叫格拉丹东，我想踏上这个山顶。

当然人工智能先贤们的梦想比我远大多了，比如图灵，他也是一位马拉松运动员，他当时提出一个大胆的见解，就是"图灵机"的概念。他认为有可能制造这么一台机器，通过某一种电子媒介或其他的媒介跟人进行交流。如果人在跟这台机器交流的过程中并不能判断它到底是不是人的话，我们也许就可以下结论说这个机器获得了跟人一样的智能。

这个概念极大地影响了人工智能对于功能的定义，在这个途径上卡耐基梅隆大学的两位科学家，阿兰·纽维尔和赫伯特·西蒙做了前期的工作，叫做"逻辑理论家"的推理程序。它可以把罗素这本《数学原理》中前 52 个定理中的 38 个做出自己的证明，而且有些证明甚至比人类证明更精巧。这使得科学家产生了相当乐观的情绪。比如西蒙就宣称也许 10 年之内，机器可以达到和人类平均智能一样的高度，这是当时的美好愿景。

这一批人找到共同的语言以后，1956 年在美国达特茅斯大学开了一次会，希望通过交流来确定人工智能作为一门科学的任务和整个路径。同时他们认为学习以及人类智能的任何一个其他特征都可以被精准地描述，一旦精准描述成立以后，我们就可以用机器来模拟它和实现它。我们普遍认为这个会议标志着人工智能正式诞生。

当然，我们的登山队也在某一个时刻诞生了。我们就是一群志同道合的人，就像开那个会一样，聚到一起，组成的队伍进行了很多训练。我们把这件事看得很神圣，也很严肃，我们经过疯狂训练以后就匆匆忙忙地上路了。我们上路的时候，用的是非常原始的手段，跟现在登山队很高大上的越野旅行很不一样。我们到青藏公路拦截运输货物的卡车，坐在车斗上，然后到某一个地方，换上马匹就开始向高原进发。我当时担任登山队的副队长，也担任开路前锋，同时因为我也比较爱吃，所以他们任命我为厨师帮全队做饭，下面有一张我做饭的照片。当时形势非常乐观，大家都憧憬有一天站在山脚下开始我们的

登山旅程。同样乐观的气氛也在人工智能诞生后的那几年里面弥漫于整个学术界。不光是逻辑科学家的发明震撼了当时的很多学者，同时有很多其他的新的发明，比如说我们有一种学习方法叫"增强学习"，它的雏形就是贝尔曼公式，也是在那个时候发现的。增强学习就是现在 Google AlphaGo 算法里面一个核心的思想内容。还有一个现在大家听到的深度学习的模型，它的雏形叫做感知器，也是那个年代被发明的。不光在方法论上有了很多新的进展，而且很多科学家甚至造出了一些聪明的机器，比如说有一台机器可以做应用题，有的机器可以实现简单人机对话。当时弥漫着非常乐观的气氛，认为以这样的速度往前发展的话，也许人工智能在不久的将来，真的就可以代替人类。做

出这样预测的人包括多位非常有智慧的、非常聪明的科学家，不只是媒体的意向，它实际上是有一定科学根据的。

但是，毫无疑问这个前途并不是那么顺利，像我们登山一样，我们上了高原以后很快就遇到很多困难。比如，我们马上就遇到自然屏障，像大河、沼泽地，我们得想办法穿越它们，而我们随身携带的工具是非常简陋的，资源是很缺乏的。我们甚至还走丢了几次，有几位队员就迷路了，所以其他人不得不停下来等他们，或者去找他们。我们的给养相当匮乏，粮食也不够，马匹也不够，所以很多东西都要自己来背。同样比较悲惨的场景其实也发生在人工智能的研究过程中，我们把它叫做"第一次人工智能的冬天"。怎么回事呢？终于有一天人们发现逻辑证明器、感知器、增强学习、做应用题的各种各样的东西只不过是玩具而已，它们只能完成很简单的、非常专门的、很窄范围的任务，稍微超出它们所预期的范围就没有办法对付。这体现了两个方面的局限：一个局限就是当时人工智能所运用的数学模型和数学手段被发现是有理论缺陷的，比如，马文·闵斯基在他的书中讨论了感知器在模式识别里面的局限；另一个局限出现在算法上，我的导师之一理查德·卡普和他的同事库克曾经发现在很多的计算问题里面都有一个计算复杂度的瓶颈，它使得很多计算任务以指数级来增加复杂度（即著名的所谓 NP 问题）。所以在有限的计算资源下，实际上不可能完成所给予的计算任务。这些缺陷使得人工智能在很早期发展过程中遇到难以克服的瓶颈，不可能去实现一开始所保证的目标，比如接近人类甚至超过人类，所以第一次冬天很快到来了。

当然，这一批天才并没有泄气，他们还是继续往前艰苦行进。经过寒冬以后，他们重整旗鼓做了一些新的工作。一个标志性事件就是，大概在 20 世纪 80 年代，卡耐基梅隆大学制造了一个叫"专家系统"的东西，是给一个叫 DEC 的公司制造的，在当时，这是一个巨大的成功。这个"专家系统"可以帮助这个公司每年节约 4000 万美元左右的费用，并可能在决策方面提供更有价值的内容。受到这种成功的鼓励，很多国家包括日本都再次投入了很多资金，开发所谓第五代计算机，叫做人工智能计算机。我们在显性层面也看到可以和人类下象棋的高度智能的机器，在数学工具和模型方面也有了接近于我们现在所使用工具的发明，比如说多层神经网络、霍普菲尔德网络。同时也有一批人员从事算法研究，比如说现在常听到的反向传播算法也是那个时候发明的。通过一些很艰苦的尝试，还是有了不少令人印象相当深刻的成果，比如说自动识别信封上的邮政编码，就是通过很精妙的人工神经网络来实现的，精度达到 99% 以上，已经超过普通人可以达到的水平。乐观形势又一次产生，可以想象，大家通过这些方面的工作觉得人工智能还是有戏的。

很不幸的是寒冬又一次来了，这一次是由于公众和政府兴趣的转移，甚至包括一些竞争对手的出现。比如说苹果、IBM 开始推广台式机，计算机开始走入家庭，台式机不是大机房设备，费用远远低于专家系统。专家系统被发现是一种相当古老陈旧、非常不方便的设备，难以维护，成本非常高，而且不容易延展到新的任务上去，所以经过了一段时间的使用以后，大家的热情开始冷却，政府经费开始下降，寒冬又一次来临了。可以想象，这种情况是很严重的。当时我在读研究生，都不太好意思跟别人说是学人工智能的，那时候这个词不是一个好看鲜亮的词。由于这些困境，人们开始思考人工智能到底往何处走，应该怎么来做这个东西。一个很自然的问题就是我们要实现什么样的人工智能。什么叫智能，这个问题我们一直没有严肃地回答过，但我想，在有限的资源下要做最有用的事，所以不妨做个严肃的回答。毫无疑问，有两种可能性：一种是向人学习、向生物学习、向自然学习，用一种仿生的反向工程的手段制造跟人脑结构原理尽可能相像的机器。比如：达·芬奇曾做过尝试，他造了一个非常精巧的仿生鸟，也可以做一些动作。人们最后发觉这个途径是非常困难的，首先我们对生物原理并不了解，对工作机理也不清楚，而且技术上也非常复杂，甚至不可能。这种工艺性、机械性的制造通常没有一个严格透明的数学模型的辅助，它变得非常难以分析，所以对它的成功和失败很难做出定量而且准确的预测。另一种方法像我们做飞机的方法，从人类和动物界获得一些启发，但是把它做足够的简化，可以使我们能够部署简单明确的数学模型和强大的计算引擎。这样既可以使用简单的数学模型来对系统做出一定的分析，把失败、成功或者是改变这些结果的因素进行比较明确的因果连接，使得优化的途径变得比较容易；另一方面，也可以直接利用人类工程领域的很多成果，比如电子计算机，使用一种类似暴力堆砌、资源堆砌的手段，使比赛变得不对称，实现弯道超车式的效果，这是在一种不同路径上超过人的方法，是人们开始思考的一个问题。

再回到我们爬山的经历，我们也在思考，要完成任务，我们给自己设定很难的目标，经过几个星期的艰苦跋涉，终于到达了山脚下。然而要实现登顶，我们必须考虑采用何种路径，我们决定从冰川的左沿踏上雪线，我们感觉找到了一条比较靠谱的道路。

大概在同一个年代，人工智能整个研究也开始重新确定自己的方向。我们做了一个选择，就是要做一个实用型、功能型的人工智能，因为这样至少我们知道自己在做什么，而且对结果会有一个比较严格的判断，我们也能搞到经费，这样的话我们能实现一些功能。这就导致了一个新的人工智能的路径。这么一种对于人工智能任务的明确和简化，带来了一次新的繁荣，比如说在数学工具上找到很多新的方法，包括原来已经存在于数学或者其他学科的文献中的方法被重新发掘出来，或者发明出新的方法用到计算机或人工智能的研究中。比较显著的几个成果就是像最近获得图灵奖的科学家 Pearl 的图模型、Stephen Boyd 的 *Convex Optimization*（《凸优化》）这本书、Hinton 的深度神经网络，这些成果都是当时，15 到 20 年前，重新被提出来让大家开始研究。另一方面，由于这些数学模型对自然世界的简化有非常明确清晰的数理逻辑，所以理论分析和证明变得可能，我们可以开始去分析到底需要多少数据、计算量才能够获得预期的结果，这样的理论洞见对开发系统是非常有帮助的。第三方面，我个人认为更重要的是，我们终于把人工智能跟人类其他工程技术方面的成就做了很紧密的连接，摩尔定律的实现使得计算能力越来越强大，这些强大的计算能力很少被使用在人工智能的早期应用中。现在由于我们把人工智能定义为一个数学上的解题过程，就可以把很多计算能力转移过来以提高人工智能的效果。

一系列的突破使人工智能又进入一个新的繁荣期，产生很多惊人的突破。早期的结果包括 1997 年 IBM 深蓝和卡斯帕罗夫这场非常吸引人眼球的象棋大赛，机器人获胜。当然最近我们看到类似的结果在围棋比赛中产生。人们甚至认为在更加通用型的功能中，比如在智力竞赛或是识别图片的比赛中，机器也可以达到或者超过人类的水平。机器人也因此有了很大的进步，早期自动驾驶车的原型，是一个把人工智能原理用在设计中的机器狗。我要解释一下这个机器狗和玩具狗有什么不一样的地方。这是一条真正人工智能的狗，它走路的步态、自我稳定性等不是我们用编程方法实现的，比如它看到坡就往上爬，被踢倒后爬起来，我们不是具体写出控制指令。实际上，我们写的程序是一套学习算法，让这些算法在模拟器上不断地走路、开车，让它们自己学到一种策略来完成不同环境、状态下的行动，这是人工智能和以前控制论最核心的不同之处。

这些突破使得人们又变得很乐观起来，这也是一个幸运的时代，我个人职业生涯也在这个时候跟人工智能产生交集。我从清华大学毕业以后，就进入到 Rutgers 和 Berkeley 做了研究生，然后在 12 年前到卡耐基梅隆大学成为一名人工智能的教授，卡耐基梅隆大学是人工智能比较重要的基地，很多原创性成果从那里出来，所以我当时是非常兴奋的。我过去后成立了一个比较强大的小组，试图在人工智能各个方面都产生突破，包括理论、算法和各种各样的应用。

在这样的背景下，我们有理由对以后的前景又产生乐观的情绪，就是人工智能真的有希望接近人类了吗？事实上我们又遇到了困难，就像爬山的时候也遇到了困难，困难在哪里呢？

我再讲一个故事，2011 年，我迎来了做教授以后的第一次学术休假，在美国，教授大概每 6 年可以做一次学术休假。我当时选择去了一个很年轻的公司，就是 Facebook 公司，现在已经是一个很著名的全球性公司，但那个时候它只是一个 500 人的公司，在斯坦福大学旁边的一个小仓库里搭起了他们的实验室。他们的雄心非常大，希望为上亿用户提供服务，并把他们连接起来；他们也希望运用人工智能来帮他们投放有价值的广告，增加公司的收入；他们当时设立的目标是在不久的将来把用户从 1 亿增长到 10 亿，当然现在他们已经达到这个目标。我们的任务是帮助他们实现这么一个愿景，当时我是 Facebook 的第一个访问教授，就像今天的讲座一样，感觉压力还是特别大的。其中一个任务就是通过社交网络里面用户跟别人连接的方式，把他们投射到一个社交空间中，这样可以做一个社群的检测，把他们进行分组、特征化。这个任务实际上在统计学里、在人工智能里并不是很陌生的任务，比如说在这个任务以前，我们曾经就此发表了一篇论文叫做《混合成员随机区块模型》，论文的第一作者现在是哈佛大学统计系的一位教授，也是我原来在 CMU（卡耐基梅隆大学）的学生。但这个工作有一个问题，它的计算复杂度是平方型的，也就是当人数从 10 个增加到 100 个的时候，计算量就会增加到 1 万，再平方一次，这样就会产生瓶颈。当网络特别大的时候，其实也不用太大，比如 1 万人，我们就没有办法去克服计算的障碍，这是当时让我们头大的问题。但是作为人工智能学者和应用数学家还是很兴奋，我们不怕这个东西，我们很擅长研究算法、模型、特征，看看能不能做加速。实际上我们也的确做了很好的工作，比如把社交网络抽取比"边"更强大的特征叫做"三角特征"，把模型也做了升级，从混合区块模型到混合三角模型。在算法上也做了一两次非常显著的革新，从蒙特卡罗算法到随机变分算法。每一次突破都产生良好的效果，复杂度在不断下降，以至于我们可以在比较大的网络里面产生实际的结果，而且在速度上提升两到三个数量级。到我工作快结束的时候，我们都可以给主管做一个如下的展示：对一个全球电影明星的网络，大概 100 万人，我们可以做实时的展示，让你看到人是怎么在模型驱动下，不断开始在社交空间找自己的朋友，落入不同的社交群。这个是可以通过计算实现的，而且它的速度从学术意义上讲还是说得过去的，100 万节点的网络，几亿条边，500 多亿特征数，用 10 核单机在 40 分钟里实现这样的模拟，后来进一步提升到 6 分钟。这在学术上是一个惊人的成果，我们用这个方法发了若干篇很有意思的文章。但是我们实际上的任务不是 100 万个用户，而是 1 亿个用户或者更多，这里还是差了两个数量级，当然我们也有理由说还有潜力，因为我们只用了一台笔记本电脑。但是在 Facebook 机房里躺着 1000 台 Hadoop 机器，可以运转分布式程序。所以我们做了一个简单的计算，任务大了 100 倍，但是资源大了 1000 倍，也许我可以在原来 6 分钟基础上继续减，用 0.6 分钟把这个问题搞定。这是当时的愿景，我们写了 Hadoop 程序，把算法做了并行化，可惜最后的结果非常不理想，我们等了一个多星期还是没有得到结果。

实际上我们看到的情况是：在算法的运转过程中，因为它是一个迭代的算法，在每一次迭代里面，好像接近结束进入下一个迭代时，总会说我们完成 90%、99%，每次都有 1%的东西没有完成，拖一两个星期。这里面就产生了本质性的问题，好像并行运算不是我们理想中这么简单倍增的结果，而是有它内在的复杂性，显然我们还不知道。到底发生了什么事情呢？原来是这样的，当你把大任务分割在不同机器上让它们分开跑，又同时在共同执行同一个全局任务的时候，它们需要做这样一件事情：首先，它们各自得做自己局部的运算，但是因为是在完成一个共同的任务，它们需要做一个握手以达成一致性，所以需要来一次通信，这个通信必须发生在每台机器把它们的子任务完成以后。我们可以想象需要有一个等待的时间，让所有机器都完成它们的任务。当然在一个大的机群里面，总有拖后腿慢慢做这个事情的，不是它不愿意做，而是在实际的计算机环境里，总还有其他用户也在跑程序，或者是机房里的温度不均匀，使得机器运行不同步。而且每次还不是同一台机器慢，不然把它拿掉就行了，用剩下快的机器。它是随机性的，现在这台机器快，过一会儿那台机器快。最后每一次迭代循环的时间都是由最慢的机器决定的，这就产生了 Hadoop 这种模式下并行计算机的瓶颈，很难把它加速。这个困难相当严重，以至于到我当时做访问教授结束的时候还是没有解决，所以我当时觉得非常尴尬，卡耐基梅隆大学人工智能教授搞不定 1000 台机器，也没有产生什么显著推动公司业务的功能，我当时走的时候还是比较沮丧的。

我们爬山也有类似沮丧的时候，比如说我们遇到很多冰裂缝，爬不过去，也遇到了暴风雪甚至雪崩，后来在山上也迷了路，各种各样的挫折使得目标离我们好像更加遥远了。

这个时候可能需要重新思考我们的目标到底是什么，到底需要什么来达成这样一个目标。从人工智能的角度来讲，我们需要完成大型的任务，而且需要用一个数学上圆满的或者严格的方法来实现这么一个目标。很显然，从刚才的例子来看，光有一个好的模型或者好的算法显然是不够的，我们还需要对于人工智能计算部分的强力的引擎支持，而且这个引擎支持有可能跟原来不一样，因为千台计算机装了Hadoop以后实际上已经是一个过去被认为很有效的引擎，它曾经很好地支持了Facebook当时其他的业务，比如说搜索业务或者存储业务。为什么不能好好地支持人工智能业务？因为人工智能计算有它的独特性，它是一种原来我们不常用的方法，是用迭代的、反复读取数据和刷新模型的方法来实现解决方案的。由于任务更新，我们就要问，是不是引擎也需要同样的更新？如果看看飞机的发展过程，你就会发现这实际上是一个常识，大家都会觉得这是有必要的，从最原始的达·芬奇设计的飞机，到后来的螺旋桨飞机、喷气式飞机，每一代的设计都伴随着引擎的变化，好的模型设计其实是不够的，必须要有助推器把它驱动起来，我想这就是当时人工智能发展中遇到的一个瓶颈，大部分理论科学家，甚至算法专家对搞引擎这种"脏活"兴趣不大，甚至完全不懂，所以他们把自己关在理论和算法的象牙塔里面，找到貌似前进的很好的感觉，一旦到真正的战场就出现这么一个问题。

所以我们意识到这个问题以后，就想是不是把引擎这个事情好好看一看。计算引擎当然是以冯·诺依曼一开始的计算框架作为原点，他当时设计了这么一个模型，包括中央处理器、记忆存储器、输入和输出，通过一个抽象把软件和硬件之间实现简洁的桥接，以至于编程员不用对每一个晶体管和电子管做显性的、局部的编程。从这个地方发展到20世纪60年代就已经有人看到它的局限，因为它是单机，当有大的任务或者对速度有更高要求的时候，需要让很多台机器一起跑甚至是一起执行同一个任务，这块我们已经有了早期的原型设计。但是有一个瓶颈：它的使用性是非常差的，因为在编辑并行程序的时候掌控几十台甚至上百台机器，这本身就有技术上的困难，就像一个指挥官指挥 1000 人，每个人单独通信的话这个指挥难度是何其之大，所以需要一个新的桥接模型，来使机群展现出简单的应用界面，这就是后来莱斯利·瓦利恩特做出的一个主要贡献。他发明了一个新的桥接模型叫 BSP（整体同步并行）模型。在这种模型下，他做了一个非常简单的抽象，把计算和通信分割成了两个不重合的项，在某一个项里只做所有的计算，在另一个项里只做通信，这就是我们刚才看到的 Hadoop 的模型，它让各种机器执行子任务，都完成了以后，进入下一个阶段，来通信，来握手，达成一个一致性。Hadoop 是这个思路的优秀代表，它产生了很大影响，甚至到现在都是主流的运算平台，它对支持传统计算程序像数据库、键值搜索、简单的统计数据的归纳都是相当有效的。当然，最近还有一个新的突破，SPARK，它也用了一个 BSP 的桥接模型。它们的区别是，在 Hadoop 里面我们是用硬盘作为记忆单元，而在后者我们是用内存作为记忆单元，但它们的通信原理实际上是一样的。

但是我们刚才也看到，人工智能在这样一个框架下好像没有被搞定，为什么呢？因为人工智能运算跟刚才讲到的传统计算很不一样，它的任务是解决一个数学优化方程，而且实现的方法不是基于解析解，而是用一种类似于渐近迭代的方式，自动收敛，迭代次数和每次迭代的效率与整个数学方程的难度有关系。在大数据和复杂任务情况下，这个任务产生的挑战是很显著的，比如，当数据非常大的时候，每一次计算更新时都要把大数据刷新一遍，刷几千遍是何其难的事情。如果我们致力于大型高参数模型，比如说有几十亿参数的深度学习模型，则意味着每一个迭代都要把所有的参数刷新一遍，这也是很难的任务，当然数据和模型同时都大这个任务就变得更难。所以我们必须走一个并行路线，但是我们现有并行方法好像不太灵光。因为在进行程序并行的时候首先要关注的问题就是它的一致性，就是说我们每一次子任务群彼此是一致的，而不是产生相悖的局部结果，以至于全局结果的错误和实验失败。刚才我讲的 BSP 通信协议先计算再通信，再计算再通信，实际上是实现一致性的基本保障之一。通常理论科学家和算法科学家假设这种协议或这种通信的代价是零代价；我们不去考虑它，就像喝水一样，我们不觉得那是事儿，算法在数学上优异就行。但很遗憾的是，当我们进入工程界以后，就像在座的京东各位工程师和技术人员肯定有这个体会，实际系统不是一个零代价的通信，它有各种各样的问题使机群不和谐、不同步，那个时候要么花很多时间去等待它的一致，等待它算对；或者有些缺乏良好数学严密性的操作员会选择放弃同步，让机群在异步情况下自由迭代，就好像车间里的各条传送带速度各异，最后有可能使一个程序处在算法发散或者失败的风险下。

到底怎么办？我们怎么能够从这种失败的经验中找到一个更加快速，但同时又数学上正确的方法来运行一个并行人工智能程序？我们离开 Facebook 回到卡耐基梅隆大学以后进行了一系列新的思考。我们发现人工智能运算和传统计算非常不一样，传统计算由一堆指令集构成，你要执行各种各样的指令，执行这个程序的目的就是执行这个程序本身，以达到一个功能，而且中间是绝对不能出错的。就像搭房子，你要是把哪一块砖放错了，一定得重新放，否则整个房子都会垮下来。这是传统计算任务经典的特征，而且所有现有操作系统实际上都是围绕着这个目的来做很多优化，包括容错性和通信有效性都是如此。人工智能运算跟这个很不一样，虽然很多人在一开始的时候并没有意识到。因为人工智能也是一个程序，好像也是一堆指令集，但是这里执行指令集只是一个过程而不是目的，它的目的是解一个优化方程，就像爬山一样，目的是爬到山顶。你固然可以沿着它给你设置好的路径一步一步爬，但是如果你哪一步走歪了，就像一个小伙子喝了酒脚步不太稳，开始歪七扭八，但只要他大致靠谱，知道目标且能判断好坏，还是可以到达山顶，只不过是稍微慢了一点，但是总比每次走错了以后再走回原点重新爬要快很多。这就体现了人工智能作为一个迭代渐近算法跟传统的一次性的扫描算法所不一样的地方。因为这样一种认知，我们终于迎来了新的理论突破，在 2012 年的时候，我和几位同事设计了一种叫做参数服务器的新型的系统模型，我们设计它的新的理论基础，给出了严格的数学证明，同时也搭出了框架原型。在这个框架下，核心的概念就是人工智能计算任务不再像传统并行任务，比如像飞机表演队一样，每一个飞机的飞行精准到位非常重要，需要不惜代价保住每一步的准确——这样做会有很昂贵的代价。在我们的参数服务器框架下，我们把一个并行人工智能程序当成一个在执行救火任务的机群，它的任务是灭火，编队飞行到达火场只是一个手段，编队飞行很好，但也不用不惜代价地保持飞行姿态的完美，到了目的地，把灭火剂扔掉，再很有效地飞回去补充，再返回参与下一轮灭火，直至熄灭，这是最主要的一个目标。所以，这两个是不一样的。扑火机群需要以整个机群作为单位给上级简单的指挥界面，使得负责人可以说你去哪儿灭火、去哪儿取水，而不是说每一台机器、每一架飞机走哪儿、走几分钟、什么时候走。这个细节的掌控应该是在飞行中由这些飞行员和他们的大队长来负责协调，而不是总司令协调。这是对人工智能比较新的一种看法。也就是说，小的错误是可以容纳的，但总体的目标是不可改变的。

　　基于这样一个目标我们就设计了一个新的桥接模型，叫做有限异步模型，它大致就是把整个机群的行为比喻成一个实战型的职业军人团，他们服从中央指挥，但每个连队、每个人都有一定局限性的自由度，不能完全乱打，但是还有一定自由度，目的是共同打赢这个仗。

　　对比来说，传统整体并行模型更像是仪仗队或者飞行表演队的活动，需要很精准的协调，他们的目的是展示，更适合于阅兵。还有一种就是完全异步并行，每个机器能够各自为政，在我看来，这更像游击队员的战斗，大部分不能协调高效地完成一个共同的目标。这三种模型实际上体现了不同的内部的设计原理和对任务的定义，我们用有限异步并行的桥接原理去架构了参数服务器的编程界面，它拥有一个共享内存的大规模编程界面，使并行程序的编写容易度、运行速度和精度都有巨大的提高。这个系统并不是为某一个特定人工智能计算而设计的，比如说深度学习。它更像是平台通用模型，设计考虑整个人工智能程序家族的普遍共享的一些特征，给它们提供比较优质的通信上的服务，所以在软件包里面包括其他的不同算法。最后这个系统也有非常灵活的容错或者通信管理的机制，使得随机的资源空档或者小错误也会获得关注，最后的结果是整个系统的工效获得巨大的提升。

我们还实现了另外一个突破，就是当训练巨大模型的时候，到底应该怎么办（前面的参数服务器主要适用于分布式的大"数据"问题，而非大"模型"问题）？模型很大的时候大家可以想到，也得分步，这次不是分数据，而是把模型分到各处去。这个时候每个机器就获得一个子任务，这个子任务跟其他子任务实际有更紧密的数学关联，它们必须得做动态分割和通信，只有一致了以后，才能保证整体训练任务不失败。这个时候需要有一个协调装置，像拉小提琴的十个手指一样，虽然是在那儿快速地运动，但是它们是在执行同一个乐谱，是有目标地在运动。为此，我们就设计了这样一个系统，叫做动态的调度器。它可以实时监控子模型或者子任务之间的一致性，保证数学上是正确而不是衰减的。这样的结果有一个在数学上和工效上比较有力的质量保障。

我们如果只是为了快，没有把子任务做好，最后会造成更多次迭代才能达到收敛的结果，这是很多在工业界实现模型并行的程序所遭受到的损失，而且在实验的汇报里并没有被别人关注，但是我们发现经过刚才协调器处理以后，这样一个问题就被清除了，而且我们还有一些其他的技术，包括自适应负载均衡技术，使得每个模型之间对于资源的弹性的要求可以得到及时的满足。最后的结果又是一个数量级的倍增，它不仅使得大型的人工智能程序可以在很细颗粒度下做一个正确性的保障，而且有时候会实现一些令我们很吃惊的结果。比如在下图收敛曲线的展示中，你会发觉有时候由于这么一种加速，收敛曲线突然从缓慢路径跳到快速途径实现加速的收敛，这是传统的通过完全同步运行来实现的程序所无法达到的效果。

超出预期的加速：

突然"跳"到收敛结果

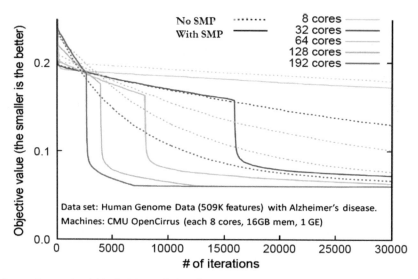

由于这一系列的成果，我们感觉是走在一个正确的路上，的确跟这个目标开始接近了，我们爬山的活动也经历类似这样的一个过程，开始向峰顶接近。

我们的登山队还是有一个光荣的名字的 —— 清华大学学生登山

队，就是从我们那次活动开始成立，我们很自豪，能把自己的小小梦想跟一个很响亮的名字联系在一起。在这个活动中我们也遇到很多缘分，比如我们曾经在路上与很多朋友不期而遇，包括一位台湾探险家，就是在爬山的时候认识的。有时候不期而遇、没有事先计划好的事也会对研究或活动产生一些很正面的影响，这件事情就发生在我们系统命名上面。任何好的系统都需要比较有意思的名字，我们在这方面也遇到一些问题，这个系统工程量很大，也很复杂，到了 2013 年的年底需要做第一次开源发布的时候，我们突然发现还没有起好名字，大家也都想不出来一个很好的名字，我花了几个星期还是想不出一个满意的名字。通常在计算机业界，名字都比较无趣。Hadoop 是什么？它就是工程师的儿子玩的一个大象玩具，捡了个名字就用上了。我还是希望有一个更隽永、更有意思的名字。有一天我从办公室开车回家，经过高地公园桥，这是从我家到办公室的必经之路，我还在想这个事，突然就想到，我们的调度器简称是 Strads，是意大利传奇的"斯特拉迪瓦里"小提琴的简称。所以我突然跳到这样一个思路，我不是用小提琴来构思协调的形态吗？小提琴显然是很美好的乐器，我联想到一首我非常喜欢听的乐曲。我不知道大家听这首乐曲有没有一种感觉，就是有音符、旋律循环渐进向你扑来的感觉；我当时就感觉到这个系统能够把机器学习跑成这么一个节奏，又优美又正确，还能让人兴奋，那是一个非常好的效果。这个曲子名叫《无穷动》（Moto Perpetuo 或 Perpetuum Mobile），是帕格尼尼给小提琴创作的一个难度非常高且非常具有技巧性的优美的作品，也是我很喜欢的一个作品，所以我就取了它的一个字头，把它叫做 Petuum，这就是名字的由来。

由于各种各样的机缘、努力、运气，我们在学术上和个人的活动上都达到了一定的高度。比如我们已经爬到了一个相当高的山脊，也看到了不可思议的美景，这种景象和在飞机上看到的还是不太一样的。我们看到了更多的山峰，我们的课题也在不断地生出新的枝叶来，比如我们后来关注机群上面不应该跑一项任务，应该跑多项任务。多项任务的时候，就会遇到资源调配的问题，到底每项任务应该占用多少资源？应该动态调控还是静态调控？在一个交响乐队里面，主旋律是不会在一个人手里面的，它会在不同的人中间传递，做不同的展示和放大，或者是变奏，这也是我们系统应有的风格，所以我们就开发了一个面向多任务的灵活的资源配置系统。同时我们还关注到解决办法的部署，希望整个人工智能解决程序能够被装在一个容器里面来回移动，在不同硬件环境下或者配置环境下运行自如，这也是我们所说的分布式容器技术。就像玩音乐的时候不能带着乐队走，只能带着唱片走一样，这也是我们整个系统中用的即插即用的设计思路。最后我们希望整个系统是轻量级的解决方法，而不是一个几百万行的程序，把内存占得满满的。我们还有很多设计使整个平台加上上面的软件都变得轻便可用，而且可以调试，易于维护。这些不同角度的设计就成就了最后一个最佳的解决方案，它就是我们现在所打造的这个 Petuum 数据中心操作系统。就像一个交响乐队，它可以用来演奏不同的音乐，可以有不同的组合，可大可小，而且可以根据指挥的需要演奏出不同的风格，一个好的操作系统应该有这样一种特征，能够实现灵活的功能。

Petuum 最后还是回到了原点——当时在 Facebook 不太成功的经历，我们还没有把这个问题忘掉，所以最后还是通过合作用新的办法对数据做一个重新的演算。这次我们有了一个突破，1 亿个节点的网络只用了 5 台 Petuum 的机器在 37 小时之内计算完成，得到一个非常有意思的社交群可视化结果。但是如果用 1000 台 Hadoop 机器，基本上需要跑 400 小时，当然我们没有跑完，我们只是预期它跑 400 小时，实际上可能比这个还要长。这还是一个比较成功的经历。

这个系统处在多次发布中，我们有规律地发布开源展示，包括平台、工具库，工具库有不同的、常用的大型人工智能的软件，包括深度学习、主题模型、推荐模型等。

　　在讲座的末尾，我解释一下为什么会把登山放在这儿。我觉得它跟我从事的事业有很多相同之处。人工智能算法这个计算任务本身就像登山，它是有明确的目标的，是可以用数学描述的目标，它本身有弹性、容错性、随机性。如果能够很好地使用这些特征和机会，你就可以获得事半功倍的结果。人工智能领域的发展也像登山，它有各种各样的起伏，有各种各样的思路的跳跃和重新的定位，一个好的解决方法，通常对于任务目标、数学模型、计算引擎有比较全面精确的掌控和实现才能达到目的。而如果你对它设置一个类似科幻的不切实际的目标，或者是一个模糊的路径、错误的定位，都会导致挫折，就像人工智能的前几次冬天一样。从我的角度，大家固然会说冬天和夏天是一个不可逆转的潮流，至少在我有生之年，我不希望再看到一个冬天，希望人工智能的辉煌能够继续下去。这就是我今天讲演的全部，但不是最后一章。

　　这里有一个小小的后记：我发觉人生很有意思，你做的每一件事

好像最后的结果都有一个两面的反应，有些人会喜欢，有些人会不喜欢。比如说人工智能，有很多人对它的结果很兴奋，有些人又相当恐惧。我们登山的结果也有类似的状况。从西藏爬完山回到清华大学以后，我们面对了非常出乎意料的反应，学校官方不太赞成我们的举动，认为我们违反了规则，由于种种原因我们每个人都受到了处分，我本人的考研资格都失去了。当然这也没有太大的影响，我索性出国深造了。有时候你做成一件事以后，外界的确有出乎意料的一些反应，比如最近我从我的同事那儿得到了这些东西，有各种各样的对人机大赛的看法，甚至包括机器人是不是要统治地球？人类会不会沦为寄生者？诸如此类让人感到恐惧的评论。我不知道这个东西怎么理解，还是引用我一个同事 Yann Lecun（目前是 Facebook 人工智能实验室主任）的预言。他的预测是："有些人是因为对人工智能的原理不理解而恐惧，有些人是为了个人名望而宣扬人工智能威胁论，有些人则是为了商业的利益推动人工智能威胁论。"所以，各位在读这些东西的时候，还是应该把这么一个背景给考虑进去，不要被这些观点随便地误导，它们有一定的道理，但是还可以看一看其他的观点。分享一下我的观点：我认为人工智能和人类对绝不是什么大的了不起的事，人类和机器对决自古就有，还在发生。从这几张图大家看到，马车被火车战胜以后，固然有人惊呼，但是世界运转如故。大概在同一个时代有人发明了照相机，当时有人惊恐，照相机来了以后画家就失业了，但是现在画家还是活得好好的，甚至新的艺术形式也被创造出来了。人机大赛放在这么一个背景下，它只不过是我们在技术上的里程碑，展示了人类智慧的力量和功能，我们可以以欢迎的心态接受它。当然我们的确对它的功能的边界有一些憧憬，但是它到底会不会强到把我们给干掉的地步，我想这也是不必担心的。人工智能和自然智能或者是人类智能其实走的路是非常不一样的。人类智能的定义实际上不是单一的，

它是一个泛化的、比较模糊的、非常难以衡量的功能，比如说某一个人会笑，某一个人会哭，谁笑得好，谁哭得好，这是很主观的事情。而人工智能所集中的东西是单一的、明确的、可评测的功能，比如说下围棋、下象棋、搜索。人类智能使用的数学模型（如果有的话）未知，具有无限潜能，还没有看到它的边界；而人工智能使用显性、简化的数学模型，可以获得理论、实际的边界。两者的实现方式也很不一样。人类智能在硬件上用的是生物组织和器官，在软件上可能用到了类似皮茨-麦卡洛可二元神经网络，但实际上复杂得多；而人工智能使用的电子设备、暴力计算、搜索、优化、随机模型的方法，有它的优势，也有它的劣势。我个人观点是：只要是在有限、透明规则和特定任务下，机器超过人的水平是时间问题，绝对是会超过的，没有什么好担心的，而且是好事，因为它可以帮人类实现很多有价值的功能，成为人类的好助手，降低我们生活的成本，提高我们的效率。

但人工智能是代替人吗？对我个人来说，这是天方夜谭。我想分享一段很喜欢的视频来结束我的讲座，表演者是著名的钢琴家弗拉基米尔·霍洛维茨，20世纪最伟大的钢琴家之一。他在俄国十月革命以后就离开了俄国到了西方，大概70年以后，他90岁的时候终于有机会回到故土，在莫斯科举办了一场音乐会。他弹了这么一首舒曼创作的《童年即景——梦幻曲（Traumerei）》，非常简单，连我的儿子都会弹，没有什么技术难度，机器人是绝对可以胜任的。但是我不知道大家在听弗拉基米尔·霍洛维茨演奏这首曲子的时候，会不会产生一种宁静、深沉、直达心脾、催人泪下的感动，这和听机器弹是完全不一样的感觉。人在很多方面，实际上跟机器是很不一样的。我们的工程能力，从生物学角度讲连一个细菌都没法造出来，更不要说去实现人的思维和头脑，所以说从技术的可能性上来讲，还有很大的距离。而且人的头脑有很多独特的功能，比如创造性思维、感情、常识、美感，这都是人工智能途径或者方法无法企及的。特别是当音乐进行到某一个时刻，它能够直接接触到人的心理，而人工智能不知道怎么用数学公式定义这么一个程度。

大家在听机器人弹琴时能不能落泪还有待观察，但弗拉基米尔·霍洛维茨演奏的这个曲子绝对可以达到这么一个境界，历史上的名人孔子、拿破仑、贝多芬、梅纽因、托尔斯泰、巴兰钦、普列赛斯卡娅、爱因斯坦，你觉着他们会被机器代替吗？

我想这样来结束我的讲座，谢谢！

邢　波
理解未来第 14 期
2016 年 3 月 19 日

科学·对话

|对话主持人|

张　晨　京东集团 CTO

|对话嘉宾|

苏　中　IBM 中国研究院研究总监
邢　波　卡耐基梅隆大学计算机科学学院教授、卡耐基梅隆大学机器
　　　　学习系副系主任
赵一鸿　京东集团技术副总裁
朱　军　清华大学计算机科学与技术系副教授

张　晨：京东是一个非常技术化的公司，我们确实在不断努力提高自己技术的实力，这都是一个过程，我们希望通过这种交流，能够有更好的机会跟外界分享，对社会也产生一种帮助。我很荣幸主持圆桌环节，首先请邢波、赵一鸿、苏中、朱军上台。朱军是清华大学计算机科学与技术系的副教授。

演讲人提到了 AlphaGo，这确实是爆炸性事件，我一直觉得很多东西确实要有爆炸性事件发生，大家都看得见以后，AI 这个路就更容易走。我们每个人再谈一下对 AlphaGo 挑战的看法吧。

赵一鸿：AlphaGo 整个过程我非常关注，如果是真正搞 AI 算法的会知道，并不是有一个跨越性的突破。这一次 AlphaGo 的特点就是从简单的计算型的东西到可以思考一些战略性的问题，解决一些战略性的思维，这个是令人惊讶的地方，这是第一点。第二点邢教授已经讲了，过去这么多年，AlphaGo 今天取得的成就，一个是它计算的能力，另一个是解决了很多问题。神经网络并不是新的东西，在很多年前就有了，为什么今天突然变成非常大的事件？我觉得因为人类的硬件技术、软件技术和科学家聪明的程度不断地在进步，所以才把它变成一种可能。这件事情对我最大的震撼就是，这是一种希望。至于它能不能哪天取代人类并不重要，重要的是我们看到这几十年来它不断发展，不断前行，对于京东来说，真正的意义是商业上用同样的思路能不能有更大的突破，让商业计算机的模型、大脑跟人类媲美或者是在决策上超过人类。

朱　军：我今天来是给几位专家做烘托的。刚才几位专家已经讲了很多，AlphaGo 这个事情，它技术上确实是在进步，机器学习、人工智能，像深度学习的技术，最近几年在各个领域里取得的突破确实令人惊喜。AlphaGo 比赛之前，很多了解技术的人预测还是比较保守的，对最终的结果确实有一点惊讶。它把已经存在很久的技术用起来，做成一个系统，在实战中出色地发挥，确实超出人们的预料。这本身是一件很好的事情，它把人工智能这几年的进展集中展现出来，对人工智能是很好的促进作用。第四场当天晚上 CCTV-NEWS 的连线谈这件事情，刚好李世石赢了一局，这对我们来说也没有特别大的惊喜，因为机器学习是基于大数据的计算、基于概率统计的模型来算出来，从理论上来说统计模型有一定的概率，它会失败的，这在理论上是存在的。对于深度学习来说，当网络特别复杂、特别深的时候，虽然它在某一个特定任务上表现很强，但也会存在一些非常异常的点，比如在一个图像上做一点点噪声，人看起来没有差别，但对于机器来说可能就完全识别错误了。比如一张车的图片，你给里面加一些噪声，人是检测不出来的，但机器就可能会识别出来是猫或者狗，这种概念上的差别很大。所以对于围棋来说，技术上用深度学习，我相信也存在很多这种异常点，只是它的计算能力远超过人。像李世石在第四盘下的那一步可能刚好落到机器的黑点里了，机器后面行为反常，大家觉得和正常水平差很远。所以我相信，如果有一个计算能力非常强大的机器不断去发现异常点，相信它会有很大进步。比较简短地来说，我们对人工智能的进展是比较正面看待的，既要拥抱大数据的进展，同时也要认识到技术背后的实质进展到什么地步，这是一个比较客观的评价。

苏　中：基于数据的分布特性，深度学习可以从中自动学出一组特征，当然机器学习到的特征及构建的分类器在特征空间中具有一定的推广或广泛化能力，只是推广能力有限。举个例子，最近有一些无人车的讨论，现在是热点，计算机视觉用一些信号处理的方法，让车自主驾驶。现在我们也看到很多场景，在加州已有一些无人驾驶车在跑。但你回过头来想，假定无人车学习的数据都是从高速路上得到的，你让他开土路，它可能就不行。如果人作为司机，从来没去过美国，你给他一个 GPS 就可以从加州一直开到纽约，但是你让机器开那可是很可怕的一件事。遇到雪天、冰雹这样的天气，人是可以解决的，可以把车停下来或者以 20 迈的速度往前开，但是如果训练数据中这样的噪声比较少见，那么出现这种情况时让机器开还是会遇到很大的困难，从这个角度来讲，深度学习这类基于大数据的学习算法的推广能力还是非常有限的。在 AlphaGo 比赛前，我们或许低估了机器学习的能力，现在可能会不会是高估了。另外一点，AlphaGo 对局里面也输了一些棋，没有把输的棋拿出来看，AlphaGo 训练数据都是职业选手的盘面，从这个角度来讲也会落到比较局部的点，如果真有一个选手，他是一个怪棋手，不是职业选手，走法很怪异，说不定对局结果就会不同。

邢　波：各位从技术层面分析人工智能和人类孰强孰弱，这是一个比较明显的讨论，因为尺有所短，寸有所长。人类跟铁臂掰手腕是掰不过的，如果我们用了一个有利于机器的规则或者场景跟它比赛，我们当然不是它们的对手，而且也没有必要成为它们的对手。但是人类还是会举行田径比赛，还是会打牌、下棋，这是不同层面的事物。

讨论人类和人工智能孰强孰弱在某些完全可定义功能的比赛中，意义并不是很大，我预测人类在这些方面都会输给机器，这是早晚的问题。人类更应该思考怎么用这个潜力定义一个任务，定义一个前景，怎么让人享用这些东西，防止它的危害，这些东西在某些人手里就是恶魔。对于人工智能的讨论，说是天使还是魔鬼，其实是讨论背后的人或政府组织是天使还是魔鬼。所以现在社会上的讨论有点异化，把人工智能科学家和人工智能这个学科扭曲成很奇怪的形象，这对科学发展是非常不利的，我个人非常反对进行这样的研讨。应该把这个讨论严格限制在要么是科学的范畴，要么是社会学的范畴，而不是把它调和起来做一个混合的探讨。这是我觉得现在舆论和公众需要注意的一个地方。

张　晨：围绕这点提到的是大数据的问题，AlphaGo 出色表现背后的大数据技术和数据本身质量的需求能谈一下吗？因为你刚才说到，AlphaGo 学了专业棋手走的棋盘，涉及很多数据，关于数据质量怎么去看？

邢　波：其实数据没有好和坏之说，我个人认为，坏数据也是好数据，就像失败是成功之母，一辈子不失败、一辈子不感冒其实是很可怕的事情。所以说，看一些糟糕的数据，从训练的角度、整个知识的获取角度是正面的。我觉得最后的限制不完全是数据，比如有一种观点是说，机器自我互搏可以产生各种盘局，拥有无限潜力，这其实是一种错误的认知。模型本身的容量、复杂度、表示能力是机器最后的界限。在我看来，目前我们是用深度神经网络、增强学习、蒙特卡罗搜索三合一的技术，它的潜力未知。本身是一个很模糊的组合，更有益的学习或者研究，是应该去理解算法和模型本身在数学和应用层面的潜力和边界，而不是做无限的排列组合，再去赢一个赌局。这是一个博眼球的事情，可以做一做，但要是全民都做，所有科学家都做，拿所有资源做，就没有意义了。这个事情的威胁让我想到了转基因的研究，关于转基因，公众的看法非常分裂，就是因为它的原理未知，这对我来说是一个可怕的事情。我们在讲精准医疗需要大数据的帮助，或者用自动驾驶车，可以想象，你能不能允许一个原理还不太清楚的但是做得还挺好的机器，帮你做这些事，帮你动手术或帮你开车？我想我是不会的。所以说，研究方向应该还是要体现出一定的品位，要有一定的选择性。

苏　中：我们的大数据分析的技术要进入产品，服务于客户。以往的经验是，一个好的系统和好的算法真正在用的过程中，60% 到 80% 的时间是花在数据处理上面的，很多时候会有你意想不到的情况，这些意想不到的情况也会给你带来很多困扰。从下棋的角度来说，自我下棋里构建很多棋局，仍然只是在原来空间做了一个简单的扩展，一个真正完整的数据空间什么样，还是需要人的真实对局来表述的。数据的质量决定你想拿它来干什么，如果是简单的数数，对质量要求不高；但如果是用来做脑外科手术，小数点后面的一位都可能产生很大的问题。最后的结果是，看你需要拿它来解决什么样的问题和它可能带来什么样的后果，所以说对质量的要求跟你的分析结果所期望的价值是相关的。如果产生的价值可以达到人手工地把每条数据都梳理出来的程度，就像现在很多的专家系统，把一些医学专家、老医生（包括老中医）的思想、理念梳理出来，那是高价值的知识，这对数据质量会要求很高。但简单的，比如说大数据时代，很多的大数据系统在数据处理流程中甚至可能会丢数据，这一点跟传统的数据库不一样，我不要求我的数据质量很高，包括现在很多的大数据时代的存储平台，并不保持数据处理过程的一致性。所以最后的结果是它产生的价值是不是能支撑起数据质量上的成本。我们都是希望质量越来越好，但就像您刚刚展示的，上地附近的人买的电饭锅明显比望京差一个档次，我觉得对我打击很大，我就是从上地来的。数据质量的问题最后还是取决于投入产出比。

张　晨：其实很有意思的是，数据确实有时候是有欺骗性的，我刚来京东的时候，思考怎么定义人的消费能力。如果是一个买 iPhone 的人，那他的消费能力肯定比较高，也许其他地方也会要求相对有品质的东西。很奇怪的是，有的人手机买最高档的，如果换一个品类，他可能买最便宜的手纸，或者是鞋子，没有绝对的。在某一个品类里买高档的习惯，并不一定能够转化到其他品类都有同样的习惯，所以说这个数据要精准细分，每一个层面的数据都要做分析。

这里有一个问题，对于中美大数据应用、研究方面的异同，能不能再说一下？

赵一鸿：我谈一下我个人的感受、体会，我在硅谷待的时间远远超过在北京的时间。在国内大公司的大数据应用和技术方面，从怎么样发挥大数据的价值、怎么样把技术本身的价值发挥出来，京东也好，其他互联网企业也好，本身动力、积极性是非常大的。因为我感觉到，我们国内整个互联网环境竞争是非常激烈的，技术的前瞻性、技术的先进性会变成企业的核心竞争力，所以大家会花很多精力学这个技术，怎么让它产生商业价值，打败竞争者，包括怎么为客户提供更高的价值。但相对来说，硅谷对待大数据或者人工智能，很大程度上是技术驱动，他们做一件事情完全是对技术本身的兴趣，要去解决这个东西，对于它的商业价值是多少，他们可能并不考虑。比如说 DeepMind 这个团队，他们当时起步的时候，没有把它的商业价值想得很清楚，只是说我要去做这么一件有趣的事情，从科学的角度怎么去解决。它的意义并不在于对一个企业如何，而是对于人类有更广泛的意义和价值。

邢　波：研发的导向固然有它本身的价值规律，需要产生价值、产生收入或者产生各种各样希望的结果。但是，对于科学或者工程本身的兴趣和追求，也应该是起到强大的作用。因为很多东西是无心插柳的一个结果，贝尔实验室就是很著名的例子，它培养了 7 个诺贝尔奖得主，香农信息论等都是在那儿发表的，跟他们当时的业务其实没有产生直接的关联，但是它对美国整个国家的影响，包括对自己公司的影响是相当大的。这是美国公司文化和国内公司文化的区别。从政府层面其实也有类似的感觉，我个人在美国的国防技术开发局做过一段时间的顾问，他们谈到事情会说，想一想二三十年以后，我们处在一个什么样的场景？我们需要生活在什么样的环境？打一个什么样的仗？我们当时进去时很不习惯，作为科学家也觉得这是科幻嘛，他们训练、诱导你去想长远的事情，敢于提出这样的问题，这方面与国内产生了对比。当然，我也同意赵总讲的，国内也有强项，国内对于大数据功能应用的渴望和热情，我感觉更积极、更接地气，民众的兴趣和大众参与的热情远远大于我在美国见到的朋友，所以整个基础是非常大的，动员能力很强。关键是还需要一定的理性思考和方向感，我们的后发优势还是很大的。

张　晨：AlphaGo 赢了之后，我看了一篇文章，是采访 AlphaGo 的负责人，这个事情对 Google 的价值在哪里？他说，短期可能看不见，长期比如 3 到 5 年之后，它最主要的价值是让你的手机更加智能。但通过 AlphaGo 这个项目，有多少人还怀疑 Google 在世界上技术的领导地位？这就是巨大价值！很多人都没看到，AlphaGo 的投资不管多少亿美元或怎样，它不光在长线上可以做很多事情，短线上的品牌价值也是巨大的。我回国也 7 年了，我们在业务创新和商业模式创新上面确实走在前端，但是在比较长线的地方，互联网的领导企业确实也要逐步承担一些责任。

时间有限，最后问一下，嘉宾们对于以京东为代表的互联网企业在大数据应用方面有什么建议？

苏　中：京东能把数据公开出来吗？或者公开一部分？

张　晨：这个我可以来回答，我们 4 月份正式开始对京东云公有云的启动仪式，里面有一个服务是数据云。我们现在在做一个数据产品，也是看怎么利用一些用户购物习性与周围商店的信息，帮助我们的线下商家更好地经营商店。

赵一鸿：我补充一下，京东大数据对社会的贡献和价值有两方面：第一，我们希望跟政府合作，因为京东有非常丰富的电商数据。政府从职能方也会收集到各方面的大数据，作为一个国家、一个社会，如果我们能把两个数据非常好地结合，在这个基础上能够为社会做有价值的发现，不光是为京东，用京东的技术、数据结合政府的数据，一起为社会做一些事情，这个是完全可以做到的，价值也是巨大的。

张　晨：我们已经拿出京东的一些数据，不光在技术层面，跟人民大学和其他几个大学搞人文的教授合作，用数据去分析社会现象。

赵一鸿：我想说的另外一点是，我们非常愿意跟社会、政府去分享技术、输出技术，云平台是我们的一个开始，后续输出我们比较好的技术、经验，这个也是我们想做的。

朱　军：我现在在中国高校工作，也和公司有一些合作，我自己经历有限，不一定代表全面。作为中国高校老师，其实还是很愿意把自己的技术拿出来帮助公司做点事情，但是在合作过程中，总是会出现大家期望步伐不太一致的矛盾。张总你们跟高校合作也可能会遇到类似问题，企业需求和高校步伐不太一致。我希望在像京东这样有条件的公司里面，能够有一些空间，拿出一些资源。高校里有很多人才，聚集了很多的老师和学生在做前沿研究，但像京东这种上万台机器的、很大的数据集，在学校里一般是很难接触到的。我在 Facebook 做访问的时候，会接触到这种真实的有非常大价值的应用。如果双方能够达成一致的合作，对中国大数据产业、人工智能产业有非常好的促进作用，所以我希望京东或者其他中国大公司对高校有一些支持，大家一起携手来做，这个是我自己的一点心声。

张　　晨：我们一定跟清华、跟中国高校共同努力。

我们圆桌会到这里，谢谢各位真挚的发言，下面进入问答环节。

观众提问：听了各位嘉宾的分享，收获颇丰，我的问题想提给邢教授和IBM苏总。作为比特币的底层技术，区块链近两年非常火爆，2015年也被称为区块链的元年，大家对于区块链未来的应用也寄予了特别高的期望，甚至有些人认为区块链可能会成为继互联网之后又一次技术变革。我想请两位从各自的角度解答两个问题：第一个问题，如何看待区块链未来的发展？如果说区块链未来在商业领域应用的话，能够最先实现突破的是哪些领域？第二个问题，区块链技术在未来应用过程当中在技术和制度两个层面分别面临哪些挑战？谢谢。

苏　　中：比特币的发明者或许也没有想到它对IT行业有这么大的影响。现在很多银行、公司都在看区块链。区块链最主要的一点是它把原来中心化的交易平台变成去中心化，互联网本身其实也是一种去中心化，很多技术的发展都是从中心化到去中心化的演进，但是去中心化的时候就会有一些问题。比如这里面是不是有数据加密、信用等各方面的问题。区块链很大程度上提高了效率。举个例子，在银行里面的审计，要花很多的人力去做这样的事情，要把海量数据从企业内部的交易系统中拿回来分析。但是在区块链环境里面，很多交易过程的发生都是公开的，它让所有的数据变得很透明。从应用角度上来说，很多银行、交易所都在看。在贸易上，它本身是去中心化的平台，很多时候环节带来了成本，比如我在北京买一个美国的商品要经过很多环节，这里面有物的环节、钱的环节和服务的环节，通过一个去中心化的平台，更增强它的效率，这令人产生无限的憧憬，区块链的去中心化，对于现在的监管产生了新的挑战，它不仅是一个技术的问题，还会涉及商业、政府、行业等各个方面的问题，这个里面也会产生很多新的商业机会。

张　晨：前段时间我在美国的时候，见到不少公司在利用区块链做些新的产品，新技术往往孕育着新的创新。

观众提问：我的朋友圈被一条消息刷屏了，99%的人都不知道，如果在支付宝里面没有关闭一个授权，你的手机可能就已经中招了，然后我就按照里面的操作去看了一下，确实是支付宝记录了我好几年以前在用的 iPhone5S 手机，包括我用的时间，我马上就把那个授权删除了。

我不明白为什么会被采集到手机具体的型号，而且我已经好几年不用了，对于一个支付软件来讲，它还要继续让这个信息授权在我的手机里面。我的第一个问题就是，未来大数据环境下我们的信息安全、个人隐私怎么得到保障？

第二个问题跟我们的工作关系比较大，我们从事飞机的研发工作，十几年来一直用数值模拟的办法造中国自己的飞机，我觉得和美国、苏联有 50 年的差距，因为他们有很丰富的经验参数。如果我们想用人工智能或者大数据方法弥补经验参数数据库上面的不足，应该走一条什么样的路？AlphaGo 出来的时候有个很搞笑的段子，AlphaGo 唯一不能打败的人是中国研究生，因为太便宜了。我们现在面临的问题是，一个学校里面两三个教授带着十几个博士生、硕士生一起研究飞机发动机这样一些东西，我们要利用 AI 技术往这个方向去走，快速弥补经验参数的不足，应该用一个什么样的方法？

张　晨：为什么数据交流那么难？因为每个公司把数据看得非常重，数据一定要保护好，数据表示用户对你的信任。用户愿意在你这个系统上做很多事就是对你的信任，所以对数据的保护，每家公司都是非常认真的。数据要经常清洗，没有价值的数据不应该长期存储在系统里面，这些数据对于提高用户体验是没有帮助的，存储这种数据就是一种浪费。从这个角度讲，每个公司在用户安全、数据安全上面花费很大的注意力，但是时不时地肯定会有一些问题，这是一个过程。把用户数据和隐私保护好，对每个公司有绝对的重要性。所以在这一点上，尤其大的互联网公司，品牌要建立在用户对它的信任上。

邢　波：我其实不知道人工智能能够代替人类工程师设计一款产品，尤其像飞机这样很高端的产品，它本身就是空气动力学，理论根底在里面起到更大的作用。首先从比较悲观的角度讲，我们跟俄罗斯、美国的差距更多的是整个的技术储备，就是基础性的储备，比如说对于空气动力学、材料学、喷气燃料学方面，还有很多功课要去补。乐观的方面，人工智能到底能不能调参或者有没有更好、更强悍的试错方法呢？也许朱军可以来评论这个东西。通常人工智能里面有一个领域叫增强学习，它们的特点就是在学习结果的时候，用了一个跟环境或者外界对手互相博弈这么一个方法，所以它不是一个贪婪的搜索过程，而是系统性地在有价值的区间或者低价值的区间做不同层面的搜索的过程。我想调参无非就是在某种参数值域里面做一个系统性搜索，而不是用手来试，人工智能在这种情况下，有可能提供全局性、系统性的方案，而不是让一个人凭着经验做各种调试，这是我的一个猜想。

观众提问：各位教授好，我是自媒体人，从小是一个科幻迷，基本上只看科幻电影。谈到 AlphaGo 的时候我们一直在强调智能会在一个专业领域变得很强大，超过人类，我就疑问了，如果在某个领域强大智能的机器或者是物件，一旦联网会怎么样？刚才是说自动驾驶的汽车可能不能解决路的问题，但它联网了，呼叫另外一个可以解决这个问题的智能机器人来解决。我们知道，只要一联网，就会形成社会，智能机器人联网会不会形成一个新的社会呢？跟互联网一样，经常说网络社会和线下社会，都是人来主宰。当机器连接，单个机器人的专业能力和另外一个机器人的专业能力配合，我很想了解一下，你们对这个是怎样思考的？

邢　波：你把机器拟人化了，你觉得把它们连上以后，它们就会自动去跟别人交流，其实光是这一点的话，也需要学习和设计。人工智能机器的特点是专项冠军，而不是全能冠军，训练它下围棋，它就不会向另外一个人学习下象棋。你刚才讲的情况，我觉着在可见的将来不太容易实现。通常，我们有联网机器人，只是为联网而产生，它的学习模式就是只适合联网下的学习，而且是学某一种任务。所以，我觉得智能的生成或者在原来不可预见的情形下让机器人自己去创新学习的目标，像我们做老师一样，解题比出题要简单得多，最难的是出题，机器人还没有学会出题，它只会解题。

赵一鸿：我补充一下，刚才你提的这个问题里有一个假设，机器人首先解决了一个问题，就是不同类机器人它能知道怎么沟通，但实际上，沟通语言在机器学习中是非常难的问题，到现在为止，机器能不能写小说？包括你给它一篇英文的还是中文的东西它能不能完全理解？这个问题完全没有解决。在我看来，从人工智能来讲这是下一个前沿，如果哪一天，不管是哪一个顶尖的公司，比如 Google、Facebook，宣布说你说的任何话，不管英文还是中文，我能够完全理解，这是非常难的问题。Google 做了这么多年语言翻译，你要是用 Google 翻译，可能会把牙都笑掉，质量是非常非常差的。这个方面的问题是非常大的，也是非常难的。虽然我们看到有 AlphaGo 重新引起大家的关注，过去这么多年也看到了它取得的进步，但从某种程度上来讲，还是有它的局限性。另外，我想说一下，机器学习还有一个比较大的局限性，很大程度上机器学习这么成功是因为有大量的数据让它去学，刚才提到飞机领域没有那么多数据去学，基本上就学不出来。所以说，机器学习和人工智能有它的局限性，为什么今天在大数据环境下突然爆发？因为机器学习算法有足够多的正向和反向数据让它去学，通过大量数据发现其中的规律。机器学习突然变得好像新的春天来了，这是所有技术合在一起的结果，实际上在算法上可能没有更多的提高，只是说我们有更丰富的数据、更强悍的 CPU 和更好的算法，结合在一起，才看到机器学习一个非常大的发展。

张　晨：问答环节到此结束，感谢嘉宾，感谢大家的踊跃提问。

张晨、苏中、邢波、赵一鸿、朱军
理解未来第 14 期
2017 年 7 月 8 日

后　记》》》

2015 年 1 月 20 日，未来论坛创立。

此时的中国，已实现数十年经济高速发展，资本与产业的力量充分彰显，作为人类社会发展最重要驱动力的科学则退居一隅，为多数人所淡忘。

每个时代都有一些人，目光长远，为未来寻找答案。中国亟须"推崇科学精神，倡导科学方法，变革科学教育，推动产学研融合"，几十位科学家、教育家、企业家为这个共识走在一处。"先行其言而后从之"，在筹建未来论坛科学公益平台的过程中，这些做过大事的人先从一件小事做起，打开了科学认知的入口，这就是"理解未来"科普公益讲座。

最初的"理解未来"讲座，规模不过百余人，场地很多时候靠的是"免费支持"，主讲人更是"公益奉献"。即便如此，一位位享誉世界的科学家仍是欣然登上讲台，向热爱科学的人们无私分享着他们珍贵的科学洞见与发现。

我们感激"理解未来"讲台上每一位"布道者"的奉献，每月举办一期，至今已有四十二期，主题覆盖物理、数学、生命科学、人工智能等多个学科领域，场场带给听众们精彩纷呈的高水准科普讲座。三年来，线上线下累积了数千万粉丝，从懵懂的孩童到青少年学生，从科学工作者到科技爱好者，现在每期"理解未来"讲座，现场听众400 多人，线上参与者均在 40 万人以上。2017 年 10 月举行的 2017

未来科学大奖颁奖典礼暨未来论坛年会，迎来了逾 2500 名观众，其中近半是"理解未来"的忠实粉丝，每每看到如此多的中国人对科学饱含热情，就看到了中国的未来和希望。如果说未来论坛的创立初心是千里的遥程，"理解未来"讲座便是坚实的跬步。

今天，未来论坛将"理解未来"三年共三十六期的讲座内容结集出版，即如积小流而成的"智识"江海。无论捧起这套丛书的读者是否听过"理解未来"讲座，我们都愿您获得新的启迪与认识，感受到科学的理性之光。

最后，我要感谢政府、各界媒体以及一路支持未来论坛科学公益事业的企业、机构和社会各界人士，感谢未来科学大奖科学委员会委员、未来科学大奖捐赠人，未来论坛理事、机构理事、青年理事、青创联盟成员，以及所有参与到未来论坛活动中的科学家、企业家和我们的忠实粉丝们。

未来论坛发起人兼秘书长

武 红

2018 年 7 月